青少年科技创新丛书

新编
乐高实战EV3

郑剑春 赵亮 李蓓 ◎ 编著

清华大学出版社

北 京

内 容 简 介

乐高 EV3 的问世让机器人教育进入令人激动的时代。作为一个开放的教育产品,乐高 EV3 与众多教育产品具有兼容性,可以通过这一产品了解世界上先进的编程软件以及机器人技术的发展。本书在总结多年中学机器人教学经验的基础上,向读者展示了乐高 EV3 机器人的神奇魅力。本书内容涉及机器人的结构、搭建机器人所需的机械知识及程序设计,并结合 EV3 提供的实验技术,向中学生展示机器人在科学实验中的应用。本书将工程、技术的概念引入教育中,让学生在动手实践中启发灵感,实现创新。

本书可作为中小学生、大学生机器人竞赛和科技创新活动的参考用书,也可供学校和开设乐高 EV3 课程的相关机构作为教材使用。

图书在版编目(CIP)数据

新编乐高实战 EV3/郑剑春,赵亮,李蓓编著. —北京:清华大学出版社,2021.3
(青少年科技创新丛书)
ISBN 978-7-302-56494-2

Ⅰ.①新⋯ Ⅱ.①郑⋯ ②赵⋯ ③李⋯ Ⅲ.①智能机器人－程序设计－青少年读物
Ⅳ.①TP242.6-49

中国版本图书馆 CIP 数据核字(2020)第 182836 号

责任编辑:张　弛
封面设计:刘　键
责任校对:赵琳爽
责任印制:宋　林

出版发行:清华大学出版社
　　　　　网　　　址:http://www.tup.com.cn, http://www.wqbook.com
　　　　　地　　　址:北京清华大学学研大厦 A 座　　　　　邮　　编:100084
　　　　　社 总 机:010-62770175　　　　　邮　　购:010-62786544
　　　　　投稿与读者服务:010-62776969, c-service@tup.tsinghua.edu.cn
　　　　　质量反馈:010-62772015, zhiliang@tup.tsinghua.edu.cn
　　　　　课件下载:http://www.tup.com.cn,010-83470410
印 装 者:北京嘉实印刷有限公司
经　　销:全国新华书店
开　　本:185mm×260mm　　　　印　　张:14.5　　　　字　　数:324 千字
版　　次:2021 年 5 月第 1 版　　　　印　　次:2021 年 5 月第 1 次印刷
定　　价:89.00 元

产品编号:089322-01

推 荐 序

吹响信息科学技术基础教育改革的号角

（一）

信息科学技术是信息时代的标志性科学技术。信息科学技术在社会各个活动领域广泛而深入的应用，就是人们所熟知的信息化，它是 21 世纪最为重要的时代特征。作为信息时代的必然要求，经济、政治、文化、民生和安全都要接受信息化的洗礼。因此，生活在信息时代的人们都应当具备信息科学的基本知识和应用信息技术的基础能力。

理论和实践都表明，信息时代是一个优胜劣汰、激烈竞争的时代。谁最先掌握了信息科学技术，谁就可能在激烈的竞争中赢得制胜的先机。因此，对于一个国家来说，信息科学技术教育的成败优劣，成为关系到国家兴衰和民族存亡的根本所在。

同其他学科的教育一样，信息科学技术的教育也包含基础教育和高等教育这样两个相互联系、相互作用、相辅相成的阶段。少年强则国强，少年智则国智。因此，信息科学技术的基础教育不仅具有基础性意义，而且具有全局性意义。

（二）

为了搞好信息科学技术的基础教育，首先需要明确：什么是信息科学技术？信息科学技术在整个科学技术体系中处于什么地位？在此基础上，明确什么是基础教育阶段应当掌握的信息科学技术？

众所周知，人类一切活动的目的归根结底就是要通过认识世界和改造世界，不断地改善自身的生存环境和发展条件。为了认识世界，就必须获得世界（具体表现为外部世界存在的各种事物和问题）的信息，并把这些信息通过处理提炼成为相应的知识；为了改造世界（表现为变革各种具体的事物和解决各种具体的问题），就必须根据改善生存环境和发展条件的目的，利用所获得的信息和知识，制定能够解决问题的策略并把策略转换为可以实践的行为，通过行为解决问题、达到目的。

可见，在人类认识世界和改造世界的活动中，不断改善人类生存环境和发展条件这个目的是根本的出发点与归宿，获得信息是实现这个目的的基础和前提，处理信息、提炼知识和制定策略是实现目的的关键与核心，而把策略转换成行为则是解决问题、实现目的的最终手段。众所周知，认识世界所需要的知识和改造世界所需要的策略，以及执行策略的行为是由信息加工分别提炼出来的产物。于是，确定目的、获得信息、处理信息、提炼知识、制定策略、执行策略、解决问题、实现目的，就自然地成了信息科学技术的基本任务。

这样，信息科学技术的基本内涵就应当包括：①信息的概念和理论；②信息的地位和作用,包括信息资源与物质资源的关系以及信息资源与人类社会的关系;③信息运动的基本规律与原理,包括获得信息、传递信息、处理信息、提炼知识、制定策略、生成行为、解决问题、实现目的的规律和原理;④利用上述规律构造认识世界和改造世界所需要的各种信息工具的原理和方法;⑤信息科学技术特有的方法论。

鉴于信息科学技术在人类认识世界和改造世界活动中所扮演的主导角色,同时鉴于信息资源在人类认识世界和改造世界活动中所处的基础地位,信息科学技术在整个科学技术体系中显然应当处于主导与基础双重地位。信息科学技术与物质科学技术的关系,可以表现为信息科学工具与物质科学工具之间的关系:一方面,信息科学工具与物质科学工具同样都是人类认识世界和改造世界的基本工具;另一方面,信息科学工具又驾驭物质科学工具。

参照信息科学技术的基本内涵,信息科学技术基础教育的内容可以归纳为:①信息的基本概念;②信息的基本作用;③信息运动规律的基本概念和可能的实现方法;④构造各种简单信息工具的可能方法;⑤信息工具在日常活动中的典型应用。

(三)

与信息科学技术基础教育内容同样重要甚至更为重要的问题是要研究:怎样才能使中小学生真正喜爱并能够掌握基础信息科学技术? 其实,这就是如何认识和实践信息科学技术基础教育的基本规律的问题。

信息科学技术基础教育的基本规律有很丰富的内容,其中的两个重要问题:一是如何理解中小学生的一般认知规律,二是如何理解信息科学技术知识特有的认知规律和相应能力的形成规律。

在人类(包括中小学生)一般的认知规律中,有两个普遍的共识:一是"兴趣决定取舍",二是"方法决定成败"。前者表明,一个人如果对某种活动有了浓厚的兴趣和好奇心,他就会主动、积极地去探寻奥秘;如果对活动没有兴趣,他就会放弃或者消极应付。后者表明,即使有了浓厚的兴趣,但是如果方法不恰当,最终也会导致失败。所以,为了成功地培育人才,激发浓厚的兴趣和启示良好的方法都非常重要。

小学教育处于由学前的非正规、非系统教育转为正规的系统教育的阶段,原则上属于启蒙教育。在这个阶段,调动兴趣和激发好奇心更加重要。中学教育的基本要求同样是要不断调动学生的学习兴趣和激发他们的好奇心,但是这一阶段越来越重要的任务是要培养他们的科学思维方法。

与物质科学技术学科相比,信息科学技术学科的特点是比较抽象、比较新颖。因此,信息科学技术的基础教育还要特别重视人类认识活动的另一个重要规律:人们的认识过程通常是由个别上升到一般,由直观上升到抽象,由简单上升到复杂。所以,从个别的、简单的、直观的学习内容开始,经过量变到质变的飞跃和升华,才能掌握一般的、抽象的、复杂的学习内容。其中,亲身实践是实现由直观到抽象过程的良好途径。

综合以上几方面的认识规律,小学的教育应当从个别的、简单的、直观的、实际的、有趣的学习内容开始,循序渐进,由此及彼,由表及里,由浅入深,边做边学,由低年级到高年级,由小学到中学,由初中到高中,逐步向一般的、抽象的、复杂的学习内容过渡。

（四）

我们欣喜地看到，在信息化需求的推动下，信息科学技术的基础教育已在我国众多的中小学校试行多年。感谢全国各中小学校的领导和教师的重视，特别感谢广大一线教师们坚持不懈的努力，克服了各种困难，展开了积极的探索，使我国信息科学技术的基础教育在摸索中不断前进，取得了不少可喜的成绩。

由于信息科学技术本身还在迅速发展，人们对它的认识还在不断深化。由于"重书本""重灌输"等传统教育思想和教学方法的影响，学生学习的主动性、积极性尚未得到充分发挥，加上部分学校的教学师资、教学设施和条件也还不够充足，教学效果尚不能令人满意。总之，我国信息科学技术基础教育存在不少问题，亟须研究和解决。

针对这种情况，在教育部基础司的领导下，我国从事信息科学技术基础教育与研究的广大教育工作者正在积极探索解决这些问题的有效途径。与此同时，北京、上海、广东、浙江等省市的部分教师也在自下而上地联合起来，共同交流和梳理信息科学技术基础教育的知识体系与知识要点，编写新的教材。所有这些努力，都取得了积极的进展。

"青少年科技创新丛书"是这些努力的一个组成部分，也是这些努力的一个代表性成果。丛书的作者们是一批来自国内外大中学校的教师和教育产品创作者，他们怀着"让学生获得最好教育"的美好理想，本着"实践出兴趣，实践出真知，实践出才干"的清晰信念，利用国内外最新的信息科技资源和工具，精心编撰了这套重在培养学生动手能力与创新技能的丛书，希望为我国信息科学技术基础教育提供适合的教材和参考书，同时也为学生的科技活动提供可用的资源、工具和方法，以期激励学生学习信息科学技术的兴趣，启发他们创新的灵感。这套丛书突出体现了让学生动手和"做中学"的教学特点，而且大部分内容都是作者们所在学校开发的课程，经过了教学实践的检验，具有良好的效果。其中，也有引进的国外优秀课程，可以让学生直接接触世界先进的教育资源。

笔者看到，这套丛书给我国信息科学技术基础教育吹进了一股清风，开创了新的思路和风格。但愿这套丛书的出版成为一个号角，希望在它的鼓动下，有更多的志士仁人关注我国的信息科学技术基础教育的改革，提供更多优秀的作品和教学参考书，开创百花齐放、异彩纷呈的局面，为提高我国的信息科学技术基础教育水平做出更多、更好的贡献。

钟义信

丛 书 序

探索的动力来自对所学内容的兴趣,这是古今中外之共识。正如爱因斯坦所说:"一只贪婪的狮子,如果被人们强迫不断进食,也会失去对食物贪婪的本性。"学习本应源于天性,而不是强迫地灌输。但是,当我们环顾目前教育的现状,却深感沮丧与悲哀:学生太累,压力太大,以至于使他们失去了对周围探索的兴趣。在很多学生的眼中,已经看不到对学习的渴望,他们无法享受学习带来的乐趣。

在传统的教育方式下,通常由教师设计各种实验让学生进行验证,这种方式与科学发现的过程相违背。那种从概念、公式、定理以及脱离实际的抽象符号中学习的过程,极易导致学生机械地记忆科学知识,不利于培养学生的科学兴趣、科学精神、科学技能,以及运用科学知识解决实际问题的能力,不能满足学生自身发展的需要和社会发展对创新人才的需求。

美国教育家杜威指出:成年人的认识成果是儿童学习的终点。儿童学习的起点是经验,"学与做相结合的教育将会取代传授他人学问的被动的教育"。如何开发学生潜在的创造力,使他们对世界充满好奇心,充满探索的愿望,是每一位教师都应该思考的问题,也是教育可以获得成功的关键。令人感到欣慰的是,新技术的发展使这一切成为可能。如今,我们正处在科技日新月异的时代,新产品、新技术不仅改变了我们的生活,而且让我们的视野与前人迥然不同。我们可以有更多的途径接触新的信息、新的材料,同时在工作中也易于获得新的工具和方法,这正是当今时代有别于其他时代的特征。

当今时代,学生获得新知识的来源已经不再局限于书本,他们每天面对大量的信息,这些信息可以来自网络,也可以来自生活的各个方面——手机、iPad、智能玩具等。新材料、新工具和新技术已经渗透到学生的生活中,这也为教育提供了新的机遇与挑战。

将新的材料、工具和方法介绍给学生,不仅可以改变传统的教育内容与教育方式,而且将为学生提供一个实现创新梦想的舞台,教师在教学中可以更好地观察和了解学生的爱好、个性特点,更好地引导他们,更深入地挖掘他们的潜力,使他们具有更为广阔的视野、能力和责任。

本套丛书的作者大多是来自著名大学、著名中学的教师和教育产品的科研人员,他们在多年的实践中积累了丰富的经验,并在教学中形成了相关的课程,共同的理想让我们走到了一起,"让学生获得最好的教育"是我们共同的愿望。

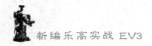

　　本套丛书可以作为各校选修课程或必修课程的教材,同时也希望借此为学生提供一些科技创新的材料、工具和方法,让学生通过本套丛书获得对科技的兴趣,产生创新与发明的动力。

丛书编委会

2020 年 10 月 8 日

前　言

　　青少年机器人技术教育目前发展得如火如荼,创客教育、STEM 教育、程序设计以及人工智能等均以机器人设计为基础。不仅在学校开设机器人课程,教育培训机构也以此为热点积极参与课外培训与竞赛组织。乐高作为一个著名的品牌,参与并见证了机器人教育在我国的发展历程。机器人能够得到广大师生的喜爱,乐高机器人功不可没。乐高机器人的推出,使机器人从一个让人敬而远之的高科技专业产品变成了人人都可使用的智能工具,降低了机器人的入门门槛。通过与传统乐高产品相结合,通过图形化编程以及比赛推广,乐高机器人目前已经成为全世界最有影响力的机器人品牌之一,是对教育的一个重要贡献。

　　本书的第一版是 2010 年出版的基于乐高 NXT 产品的《机器人结构与程序设计》一书,是面向全体学生开设机器人课程的第一本教材。几年后,由于乐高产品的更新,我们又推出了《乐高实战 EV3》作为《机器人结构与程序设计》的替代教材,现在已经印刷了几十次,是同时期机器人教材中销量前茅的一本,这充分表明了读者对乐高产品的喜爱。

　　在教学和教材出版过程中,编者曾与乐高公司相关教育部门有过多次合作。乐高教育总裁曾在访华期间亲自到我校进行考察交流,我们在教材的出版过程中也得到了乐高教育的多方支持,在与乐高教育团队的接触中,我们有一个共同的理念,即机器人不应是一个单纯的比赛产品,应该作为一个学习的工具来使用,这样才能充分发挥其作用。受乐高教育的委托,目前乐高编程软件中科学课程的汉化工作由我和我的同事负责审定。这一部分的开发也是我们这次改版的契机。

　　本次改版,删除了原书中部分侧重比赛的章节,增加了科学课程内容和工程设计项目的学习,希望借此可以帮助一些学科教师了解机器人,并在传统学科教学中引入机器人,将学科教育与机器人技术相结合。在项目学习中,每个学生作为团队中的成员都需要通过分工、交流,并通过搭建模型、编程和测试以评估成果。随着不断地学习,学生可学习到科学、技术和数学的知识,并培养语言表达及团队协作的能力,实现“做中学”的培养目标。

　　在本次改版中,李蓓老师提供了微视频和 PPT 内容,以帮助读者更好地运用本书进行学习。谨以此书献给所有机器人爱好者。

编　者

2021 年 2 月

目　录

第1章　乐高机器人的结构

　　虽然人工智能机器人的种类千差万别,但其系统组成是一样的,通常都是由控制器、传感器、能源动力以及反馈系统等部分构成。通过传感器感知环境信息的变化,由中央处理器运算、处理,最后由输出装置完成特定的任务。本书仅以乐高机器人为例,说明各部分的功能。

1.1　控　制　器

　　控制器是机器人的核心部分,它通过连接各种传感器获得信息,然后分析、处理,再发出指令,控制机器人的各种运动行为。新一代的乐高机器人控制器——EV3的按钮可以发光,根据光的颜色可以判断EV3的状态。它有更高分辨率的黑白显示器,内置扬声器、USB端口;还有一个迷你SD读卡器、四个输入端口和四个输出端口。它支持USB 2.0,有蓝牙和Wi-Fi与计算机通信;还有一个编程接口,用于编程和数据日志上传、下载。它兼容移动设备。乐高EV3机器人控制器及其内部结构如图1-1和图1-2所示。

图 1-1　乐高 EV3 机器人控制器

图 1-2　EV3 内部结构

1.2　电　源　部　分

　　电源部分是机器人的能量来源,主要由电池盒与锂电池组成。在学生科技创新活动中,可以采用太阳能电池作为机器人能源。乐高太阳能电池与EV3充电电池如图1-3所示。

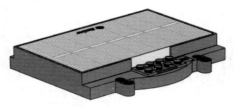

(a) 乐高太阳能电池　　　　　　　(b) EV3充电电池

图 1-3　**两种电池**

1.3　乐高机器人常用传感器

人们为了从外界获取信息,必须借助于感觉器官。在研究自然现象和规律以及生产活动中,单靠人们自身的感觉器官是远远不够的,因此需要有传感器。可以说,传感器是人类五官的扩展,也是机器人和现实世界之间联系的纽带。传感器是机器人接收环境信息的感觉器官,在接收了外界信息的基础上,才能通过中心处理器处理信息,借助不同的传感器,机器人感觉到环境中力、热、声、光等信息的变化,为人工智能化处理提供可靠保障。根据不同的工作特征,传感器分为光学传感器、红外传感器、声音传感器、力传感器和位置传感器等。

对于乐高机器人来说,不仅可以使用乐高专用传感器,而且可以使用很多第三方传感器,使得学生应用这一平台开展的科技开发和创新活动更加方便、灵活。

传感器作为机器人感官系统,通过"看""听""触""嗅"等采集各种信息。常用的有光电传感器、角度传感器、超声波传感器、触碰传感器、声音传感器、温度传感器等。

1.3.1　光电传感器

光电传感器的范围很广,有最简单的光敏电阻,即光强度的大小改变电阻的阻值,实现对光强度的感知;也有目前最复杂的摄像头(Camera)。传感器将接收到的光值返回给机器人,它通过光电传感器提供的信息进行颜色、距离等条件的估算。光电传感器是机器人在运动过程中必不可少的传感器,通过它,可以获得机器人在移动过程中与障碍物之间的距离。EV3 颜色传感器测量光的反射值(就像光电传感器那样),也可以检测颜色。EV3 兼容 NXT 光电传感器。EV3 颜色传感器和 NXT 光电传感器如图 1-4 所示。

1.3.2　力传感器

力传感器是用来检测触碰或者接触信号的,比如机械手的应用。当你将一个东西放到机械手中时,机械手会自动抓住它,这时需要力传感器检测东西抓得紧不紧。典型的力传感器是微动开关和压敏传感器。微动开关其实就是一个小开关,通过调节开关上的杠杆长短来调节触碰开关力的大小。用来做触碰检测,这是最好不过的了。但是使用这种传感器时,必须事先确定好力的阈值,也就是说,只能实现硬件控制。压敏传感器能根据受力大小,自动调节输出电压或者电流,实现软件控制。乐高中用到的力传感器只能检测

(a) EV3颜色传感器   (b) NXT光电传感器

图 1-4   **两种传感器**

到触碰与没触碰两种状态,并不能检测力的大小。EV3 兼容 NXT 触碰传感器。EV3 触碰传感器与 NXT 触碰传感器如图 1-5 所示。

(a) EV3触碰传感器   (b) NXT触碰传感器

图 1-5   **两种触碰传感器**

1.3.3   声音传感器

目前使用最多的声音传感器就是麦克风。对于处理声音信号,目前有一些比较好的解决方案,可以实现对中文语音的识别。人们可以通过对机器人发出语音指令,来控制机器人。EV3 没有提供新的声音传感器,但兼容 NXT 声音传感器。NXT 声音传感器如图 1-6 所示。

图 1-6   **NXT 声音传感器**

1.3.4   超声波传感器

超声波传感器和红外接近传感器很像,都属于距离探测传感器,但是它能提供比红外传感器更远的探测范围,还能提供一个范围的探测,而不是一条线的探测。超声波传感器是目前使用得最多的距离传感器之一。

EV3 提供了标配的超声波传感器,同时兼容 NXT 超声波传感器,它通过间断地发射超声波并检测反射回来的超声波,获知前方物体的距离,测距范围为 $3\sim250\mathrm{cm}$,测量精度为 1cm。EV3 超声波传感器与 NXT 超声波传感器如图 1-7 所示。

(a) EV3超声波传感器　　　　　　　(b) NXT超声波传感器

图 1-7　**两种超声波传感器**

1.3.5　红外传感器

红外传感器是一种数字传感器,用于检测从固体物体反射回来的红外光,也可以检测从远程红外信标发送来的红外光信号。该红外传感器可用于三种模式:近程模式、信标模式和远程模式。红外传感器和远程红外信标如表 1-1 所示。

表 1-1　**红外传感器和远程红外信标**

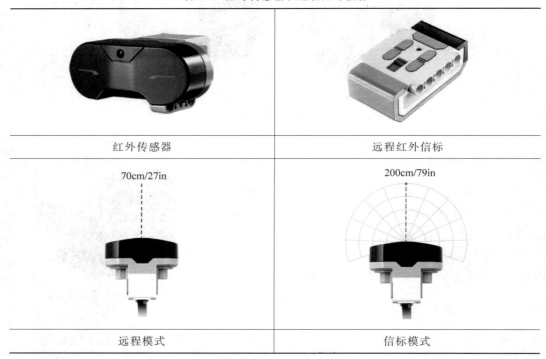

红外传感器	远程红外信标
远程模式	信标模式

1. 近程模式

在近程模式下,红外传感器利用物体表面反射回来的光波来估计该物体与传感器之间的距离。它使用 0(很近)～100(很远)的数值来报告距离,而不是具体的厘米数或英寸数。传感器可以检测出远至 70cm 的物体,测量精度取决于物体的尺寸和形状。

2. 信标模式

从红色频道选择器中远程红外信标的四个频道里选择一个频道。红外传感器会检测出与程序里指定的频道相匹配的信标信号,在其面对的方向,最远的距离可达 200cm。一旦检测到信标信号,传感器就可以估计大致方向(标头)及与信标的距离(近程)。据此,可以对机器人编程来玩"捉迷藏"的游戏,使用远程红外信标作为搜索目标。标头值在 -25~25,0 表示信标在红外传感器正前方,近程值在 0~100。

3. 远程模式

也可以使用远程红外信标远程控制机器人。在远程模式下,红外传感器可以检测出按压了哪个信标按钮(或哪几组信标按钮)。

远程红外信标是一个独立设备,可以手持或拼砌到另一个乐高模型里,它需要两节 7 号电池。开启远程红外信标,需要按压设备顶部的"信标模式"按钮,此时绿色 LED 指示器将打开,指示设备在运行,并连续传输。再按一下"信标模式"按钮,信标将关闭(静止 1 小时后,信标自动关闭)。远程红外信标的按键组合共 11 种,如表 1-2 所示。

表 1-2　远程红外信标的按键组合

说　明	图　示
0＝无按钮(且信标模式关闭)	
1＝按钮 1	
2＝按钮 2	
3＝按钮 3	
4＝按钮 4	
5＝按钮 1＋按钮 3	
6＝按钮 1＋按钮 4	
7＝按钮 2＋按钮 3	
8＝按钮 2＋按钮 4	
9＝信标模式开启	
10＝按钮 1＋按钮 2	
11＝按钮 3＋按钮 4	

1.3.6　位置和姿态传感器

机器人在移动或者动作的时候,必须时时刻刻知道自己的姿态动作,否则将产生控制中的开环问题,没有反馈。位置传感器和姿态传感器可以反馈这种信息。常用的有光电编码器。机器人的执行机构一般由电机驱动,通过计算电机转的圈数,得出电机带动部件的大致位置。编码器就是这样一种传感器,它一般和电机轴或者转动部件直接连接,电机或者转动部件转了多少圈或者多少角度,能够通过编码器读出,控制软件根据读出的数据进行位置估计。

在每个电机中内置角度传感器可以将测量精度精确到 1°,再依靠传感器所定的方向来确定是正向还是反向旋转。NXT 电机和 EV3 电机如图 1-8 所示。

(a) NXT电机

(b) EV3电机

图 1-8　两种电机

1.3.7　陀螺仪

陀螺仪是利用陀螺原理制作的传感器,主要测量移动机器人转过的角度和角速度等信息,用于制作自平衡机器人,如图 1-9 所示。

1.3.8　温度传感器

温度是一个基本的物理量,自然界中的一切过程无不与温度密切相关。温度传感器是最早开发、应用的一类传感器,是各种传感器中最常用的一种。现代的温度传感器外形非常小,广泛应用于生产实践的各个领域,为人们的生活提供了便利。

图 1-9　陀螺仪

温度传感器有四种主要类型:热电偶、热敏电阻、电阻温度检测器(RTD)和 IC 温度传感器。IC 温度传感器又分为模拟输出和数字输出两种类型。乐高的温度传感器如图 1-10 所示。

1.3.9　EV3 按钮

与 NXT 按钮一样,EV3 按钮同样可以作为传感器使用,如图 1-11 所示。

图 1-10　温度传感器

图 1-11　EV3 按钮

1.4 乐高机器人输出设备

1.4.1 驱动器

驱动器是驱动机器人运动的部件,最常用的是电机,还有液压、气动等其他驱动方式。机器人最主要的控制形式是控制其移动,无论是自身的移动还是手臂等关节的移动,因此机器人驱动器最基本的作用就是控制电机及其转数,从而以控制机器人移动的距离和方向,以及机械手臂的弯曲程度或者移动的距离等。所以,首先要解决的问题是如何让电机按照自己的意图转动。一般来说,由专门的控制卡和控制芯片控制。将其与微控制器连接起来,就可以用程序控制电机。驱动器的另一个作用是控制电机的速度,在机器人上的实际表现就是机器人或者手臂的实际运动速度。机器人运动的快慢依赖于电机的转速,因此要求控制卡对电机有速度控制。EV3 电机(见图 1-12)是一个内置转动传感器,可以返回传感器的测量值。

图 1-12　EV3 电机

一般情况下,电机无法直接带动轮子或者手臂,因为力矩不够大,所以需要加上一个减速箱来增加电机的输出力矩,代价是电机速度减小。比如一个 1:250 的齿轮箱可以使电机的输出力矩增大 250 倍,但是速度只有原来的 1/250。

1.4.2 LCD 显示屏

LCD 显示屏主要用于显示机器人实时运行的信息。机器人上安装的 LCD 显示屏可以显示两种字号的字符。显示小字符时,为 22 字×13 行,整个屏幕可以显示 286 个字符;显示大字符时,为 11 字×6 行,整个屏幕可以显示 66 个字符。EV3 显示屏如图 1-13所示。

图 1-13　EV3 显示屏

1.4.3 蜂鸣器

蜂鸣器作为机器人的"嘴巴",是机器人与人交互的重要设备,它可以发出各种频率的声音。机器人在每次开机或关机时,蜂鸣器都会发出声音,提示用户。蜂鸣器如图 1-14 所示。

图 1-14　**蜂鸣器**

1.4.4 灯光

乐高机器人 RCX 系列配有灯光,在 NXT 和 EV3 系列中可以通过转换线来使用。灯光不仅为机器人设计增加了乐趣,而且是一种重要而方便的反馈信息。我们在编写程序时,可以根据反馈信息及时调试机器人。

EV3 提供了按钮背光系统,可根据程序呈现不同的灯光效果,如图 1-15 所示。

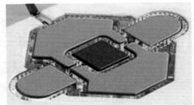

图 1-15　**乐高的外接灯光和 EV3 的按钮背光系统**

1.4.5 蓝牙输出

NXT 机器人已经具有蓝牙连接功能,同样 EV3 也具有蓝牙输入与输出功能。EV3 机器人可以通过蓝牙通信功能与其他 EV3 机器人进行通信,互相传递数据,也可以通过蓝牙连接计算机,达到无线传输程序的目的;可以通过蓝牙连接 iPhone、iPad 等设备,下载相对应的应用程序,然后通过蓝牙对其进行控制。EV3 系统中蓝牙协议的工作方式是选择主 EV3 控制器连接到从 EV3 控制器。一个主 EV3 控制器可以连接到多达七个从 EV3 控制器。主 EV3 控制器可以向每个从 EV3 控制器发送消息。但是从 EV3 控制器只能将消息发送回主 EV3 控制器。从 EV3 控制器不能直接向其他从 EV3 控制器发送消息。

◪ 1.5 实践与思考

1.寻找我们周围的机器人

活动任务:请同学们在生活中寻找不同类型的机器人,体会机器人对人们生活和工作的影响,然后填写表1-3。

表 1-3　**身边的机器人**

机器人名称	形　状	功　能	对人们生活的影响

2.搭建一个机器人小车

参照附录提供的搭建图,搭建一个机器人小车,并将乐高的传感器安装在小车上。对于不同的传感器,安装的位置会有所不同,为什么?

第 2 章　乐高的基本组件

创作一个能完成某种任务的机器人，合理的结构设计是一项重要内容。机器人具备完善、合理的结构是准确、有效工作的基础。结构的缺陷会限制功能的发挥，即使程序再完美，也不能保证达到人们期望的效果，因此，机器人的结构设计与搭建是保证其完成任务的前提。

要想搭建具有某种功能的机器人，仅仅凭空设想是无法办到的，模仿是一个不可缺少的过程。在模仿他人机器人作品的基础上，分析结构设计思路的合理性，探讨设计中的工艺技巧，了解有关机械结构知识，可以让我们更快地掌握机器人的设计和搭建方法。我们应当将力学知识应用于结构设计，通过不断动手实践与改进，获得合理和有效的结构设计。对于已完成的机器人，要在程序运行中进行测试，了解机械结构是否稳定、安全。如果达不到要求，要反复改进。有一些成型的结构模式，如齿轮变速、万向轮的结构与安装方式、差速器等功能组合，在设计机器人的过程中可以直接应用。

2.1　乐高组件的基本尺寸

乐高突点（孔）与突点（孔）之间的距离是 5/16 英寸（大约等于 8mm），也称为一个乐高单位（LU）。

乐高组件的大小常用凸点的行数乘以列数来描述。可以用 3 个数字表示乐高积木的尺寸，即宽度、长度和厚度。图 2-1 所示为 2×2 砖的外形尺寸。

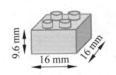

图 2-1　2×2 砖的外形尺寸

每一个乐高组件都有其基本尺寸，如图 2-2 所示。

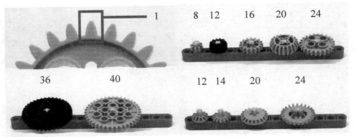

图 2-2　乐高零件的基本尺寸（单位：LU；图片来源：五十川芳仁《虎之卷》）

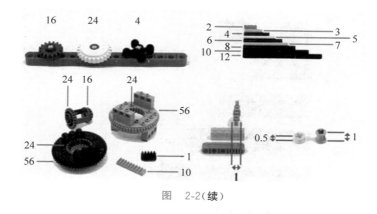

图 2-2(续)

2.2 组件和种类

我们选用的乐高机器人主要包括 EV3 处理器、传感器以及各种用于搭建机器人的组件。乐高组件根据结构，分为基本零件和装配部件。基本零件包括砖、梁、板、轴、销、轴套、万向轴联器、连接件、连杆、轮子、齿轮等和一些装饰件;装配件包括差速齿轮、离合齿轮、配重块等。乐高组件如下。

1. 砖

砖的有效高度为 9.6mm,为实心块,主要通过零件的凸点来定义,常用于实体的搭建,如图 2-3 所示。

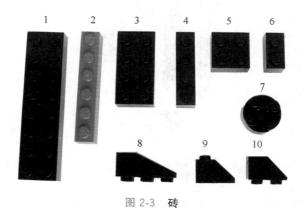

图 2-3 砖

2. 梁

单列凸点且侧面有孔称为梁(见图 2-4),其有效高度为 9.6mm;其凸点为双数,2～16 个不等。梁是一种常用零件,可作为支架、轴的支撑,还可代替砖来使用。其中,孔为"十"字形的梁可固定轴、销。

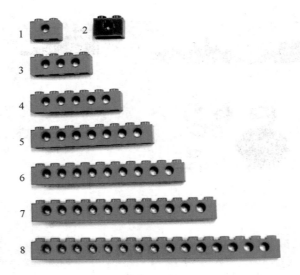

图 2-4　梁

3. 板

　　板(见图 2-5)的有效厚度为砖的 1/3,通过零件的凸点来定义,常见的有单列板和双列板;也可由长度来区分。多列板可作为底板使用,它又分为带孔的和无孔的,带孔的板可以支撑轴类零件。

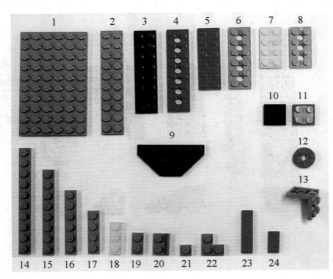

图 2-5　板

4. 轴

　　轴(见图 2-6)是断面为"十"字形的细长杆,根据长度不同来连接运动件。轴上的零件通常由带孔板、梁的长度限定,也可由各种轴套固定。

5. 销

销是空心的，在端部或中间开有弹性槽，可与梁、砖、板相结合，如图 2-7 所示。

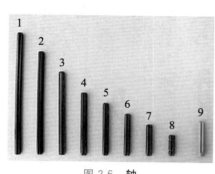

图 2-6　**轴**

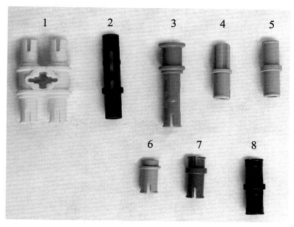

图 2-7　**销**

6. 轴套

轴套（见图 2-8）是内孔为"十"字形的短圆柱，与"十"字形的轴类配合，主要用于轴上零件的位置固定。其中，1/2 平面轴套可作为带轮使用。

7. 万向轴联器

万向轴联器是指乐高配件中的轴联器和用轴、带凸点的销、轴制作的活动连接部件，如图 2-9 所示。

图 2-8　**轴套**

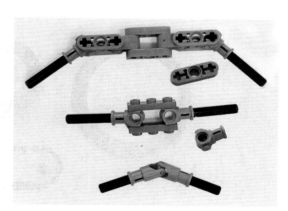

图 2-9　**万向轴联器**

8. 连接件

连接件是指轴与轴、轴与销轴间的连接件（见图 2-10），分为垂直连接、直线连接和120°连接。连接件用于轴的延长、关节连接，可用于搭建机器人的手脚、触须等，还可用轴、带凸点的销轴连接器制作万向轴联器。

9. 连杆部件

连杆部件是指表面排满单列孔的板件,如图 2-11 所示。其中,"十"字孔可以与轴形成固定连接,或通过轴销形成活动连接;圆孔可以组成活动的铰链连接,以满足不同的需要。凸轮将旋转运动转化为直线运动,常与传感器配合使用,以转动位置控制相对运动。

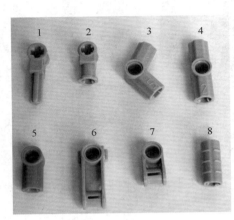

图 2-10　连接件

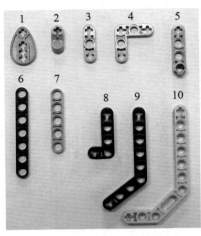

图 2-11　连杆部件

10. 轮子及附属件

轮子由橡胶轮胎和塑料轮毂组成,按弹性分为空心轮胎和实心轮胎。空心轮胎中,大摩托轮胎接触面小,转弯方便,弹性好,尺寸较大;另有两种较宽的空心轮胎,摩擦力大,接触面宽。实心轮胎的弹性小,附着力小。轮子及附属件如图 2-12 所示。

图 2-12　轮子及附属件

11. 履带和履带轮

履带和履带轮运转时摩擦力最大,用于特殊的场合,其实物如图 2-13 所示。

12. 滑轮（皮带轮）与传送带

根据尺寸,滑轮和传送带分为大、中、小号;传送带有不同的颜色,白色的弹性最大,滑轮和传送带实物如图 2-14 所示。

图 2-13　**履带和履带轮**

图 2-14　**滑轮（皮带轮）与传送带**

13. 齿轮和齿条

齿轮和齿条有直齿轮、冠齿轮、锥齿轮、离合齿轮、差速齿轮、齿条和蜗杆;不同齿数的齿轮组合可以实现变速和改变旋转轴的方向,齿轮和齿条如图 2-15 所示。

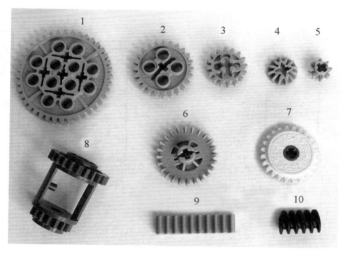

图 2-15　**齿轮和齿条**

14. 蜗杆

蜗杆用于运动方向垂直的机械结构,如图 2-16 所示。

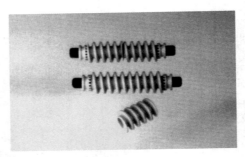

图 2-16　蜗杆

2.3　乐高积木中的几何关系

搭建乐高机器人遵循的原则首先是保证结构稳定。使用垂直梁加固乐高结构是最常用的一种方式。

乐高积木并不是以正方体为基础。积木的高度大于长度和宽度（假设积木块的凸点朝上），这三维之间隐藏着一个关系：垂直方向的单位长度正好是水平方向的 6/5，如图 2-17 所示。换句话说，5 个乐高积木块堆起来的高度正好等于 6 个凸点乐高梁（six-stud LEGO beam）的长度。

借助这种神秘的数据关系，通过搭建垂直高度等于水平长度的结构，使得用梁支撑乐高结构成为可能。使用 1/3 高的积木板（one-third-height plate）使其更容易实现。这样，就可以形成不同的垂直间距，如图 2-18 所示。

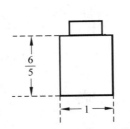

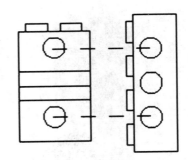

图 2-17　乐高单位的尺寸比例　　　　图 2-18　垂直梁固定的尺寸关系

两根梁被 2 个 1/3 高的乐高板分开，形成 $1\frac{2}{3}$ 单位的间隔，正好等于 2 个水平单位。因此，2 根梁可以使用正交梁（cross-beam）和连接销子（connector peg）来锁定，从而使结构更加牢固，如图 2-19 所示。

这里给出一个常用的窍门：为了使用垂直坐标来建造 2 个水平单位，通过 2 根梁夹住 2 块板来实现。在这里，垂直量 $1\frac{2}{3}$ 是水平量的 2 倍，因为是 6/5 倒数的 2 倍。

图 2-19 垂直梁加固（图片来源：五十川芳仁《虎之卷》）

另一个常用的数是 $3\frac{1}{3}$ 个垂直单位（例如，2 根梁被 2 个积木块和 1 个乐高板分开），它正好等于 4 个水平单位，如图 2-20 所示。

在乐高积木搭建中，固定梁的关键是保证孔之间的垂直距离必须是乐高基本单位的整数倍。图 2-21 所示为 2、4、6 个单位梁的装配图。

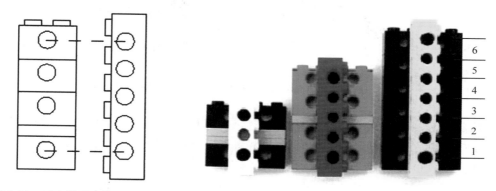

图 2-20 垂直梁固定的尺寸关系   图 2-21 梁装配图

如果是用于固定结构，使用黑色的销来与梁连接。黑色的销比灰色的销有更大的摩擦力，与梁的孔配合紧密。而灰色的锁适合可移动连接时使用，如杠杆与臂。

同样，连接两个或两个以上的凸点来拼接乐高积木，也是非常好的加固方法，如图 2-22 所示。

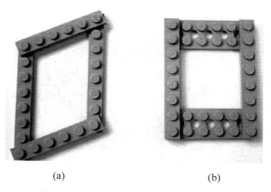

(a)   (b)

图 2-22 利用凸点拼接的加固方法

如果仅连接一个凸点，如图 2-22(a)所示，将导致结构扭曲变形。

连接相互垂直的梁结构可以使用专用的直角连接件，将两个或多个梁垂直固定，如图 2-23 所示。

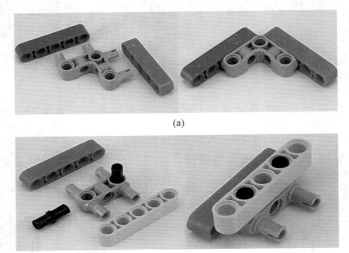

(a)

(b)

图 2-23　两种制作直角的方式（图片来源：五十川芳仁《虎之卷》）

乐高在 EV3 机器人套装中取消了方形砖、方形片与方形梁，增加了圆孔梁和销的数量。也就是说，在搭建机器人结构时，可以尽量使用圆孔梁与销的连接方法来进行固定结构搭建，运用轴与联轴器来进行运动结构搭建。

设计机器人结构时，在保证机械结构稳定的前提下，应尽可能地节省零件，巧妙地使用各种连接组件，使机械结构稳定、坚固，在达到功能的同时使机器人便于更换零件。在结构搭建过程中，也应该考虑到传动过程中各个零件的受力情况、传动摩擦损耗、齿轮运动间隙等因素，避免齿轮打齿、受力过大等零件损耗问题。

2.4　实践与思考

利用乐高组件制作一个可用电机启动的陀螺。搭建参考如图 2-24 所示。

(a)

图 2-24　搭建参考

(b)

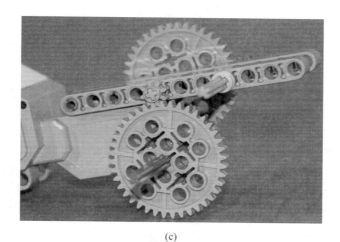

(c)

图 2-24(续)

完成之后,请同学们比较一下,哪一组作品的结构牢固,转动灵活,陀螺旋转的时间最长?分析哪些因素决定陀螺的旋转时间,还可以做哪些改进。

机械传
动方式

第 3 章　机械传动方式

有效地利用传动原理,可以起到事半功倍的效果。在机器人设计中,机械结构是完善系统的一个重要因素。本章通过一些浅显的例子,和同学们一起动手,设计并认识各种各样的传动机构,了解其工作原理及优缺点,以便知道采用哪种传动系统才能最有效地设计出色的机器人系统。

3.1　齿轮传动

齿轮和轴对于搭建乐高机器人是非常有帮助的。标准乐高 NXT 电机全速运行的时速大约是 120 转/分。齿轮用于改变曲轴或轴间转动速度和扭矩。

齿轮最重要的属性就是它的齿数。齿轮是根据齿数分类的,严格地讲,轴并不是齿轮,但是在必要时把它作为 4 齿齿轮使用。同样,8 齿旋钮也不是齿轮,但可以把它用作齿轮。只有 12 齿斜齿轮是 1/2 个基本单位厚度,其他都是 1 个基本单位厚度。齿轮通常不单独使用,其基本功能就是将运动从一根轴传到其他轴上。

几种常见的齿轮连接方式如图 3-1～图 3-3 所示。齿轮安装如图 3-4 所示。

图 3-1　利用齿轮改变转速

假如忽略摩擦,则齿数 n 和角速度 ω 的关系如下:

$$n_1\omega_1 = n_2\omega_2$$

齿轮可以用来传递力,增加或者减缓速度,以及改变转动的方向。如果用大齿轮带动小齿轮,称为加速,因为小齿轮的转动速度比大齿轮快;反之,用小齿轮带动大齿轮,称为减速。如图 3-4 所示，8 齿齿轮的转速是 24 齿齿轮的 3 倍。对于扭矩 T 和角速度 ω 之间的关系，也可以用公式来表示。已知扭矩 T、角速度 ω，相互啮合的两个齿轮之间的扭矩和角速度用下列公式表示：

$$T_1\omega_1 = T_2\omega_2$$

这个公式对于机械设计是非常重要的。如果想要增加扭矩，可以降低角速度；同样，如果希望增加角速度，可以减小扭矩。如果要制作一辆可以爬坡的小车，应当选择转速慢的齿轮（慢角速度，大扭矩）。

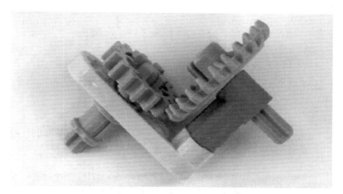

图 3-2　利用齿轮改变转动方向（图片来源：五十川芳仁《虎之卷》）

图 3-3　将旋转运动改变为直线运动

图 3-4　齿轮连接（图片来源：五十川芳仁《虎之卷》）

结合以上两式,得到

$$T_1 n_2 = T_2 n_1$$

所以,大齿轮轴的扭矩是小齿轮轴的 3 倍。

乐高还提供了一种限力矩齿轮。当扭矩大于额定值时,将产生打滑来保护结构,以避免因力矩过大而损坏轮轴,如图 3-5 所示。

图 3-5　限力矩齿轮

齿轮传动的优点:传动可靠,传动比为常数,传动的效率高。

齿轮传动的缺点:配合精度低时,振动和噪声比较大;不宜用于轴间距离比较大的传动。

3.2　链　传　动

链传动是在两个或多个链轮(在乐高中,以齿轮代替链轮)之间用链作为传动元件的一种啮合传动。链传动如图 3-6 和图 3-7 所示。

图 3-6　链传动 1

图 3-7　链传动 2

链传动的优点：链传动与带传动相比，其没有滑动；也不需要很大的张紧力，作用在轴上的载荷较小；两链轮间的距离及轴间距离可以比较大。

链传动的缺点：只能用于平行轴间的传动；瞬间的速度不均匀，在高速运行时不如带传动平稳；链条传动会产生很大的摩擦力，因此比齿轮直接啮合传动效率低。

在低速情况下，使用链条在间隔较远的轴上传递运动是非常有效的。链条传动的传动比与齿轮直接啮合传动的传动比是一样的。

3.3　滑轮和皮带

滑轮与齿轮的作用类似，只是滑轮与皮带之间可能打滑。应用滑轮的最大优点是皮带提供了多种尺寸，使处在各种位置的轴之间的动力传递更易实现。另外，电机卡死不仅让电能很快耗尽，而且会损坏电机。为了避免电机卡死，可使用皮带和滑轮，利用滑轮改变力的方向。滑轮与皮带如图 3-8 所示。

图 3-8　滑轮与皮带

滑轮与皮带的连接有同向传动、反向传动及多滑轮组合等方式，如图 3-9～图 3-11所示。

图 3-9　同向传动

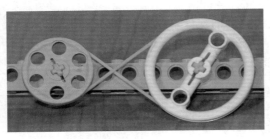

图 3-10　反向传动

图 3-11　多滑轮组合

　　滑轮、皮带传动的优点：①运行平稳，无噪声。②安装精度不像齿轮那样严格。③过载时，使橡皮筋在带轮上打滑。④带轮配合距离没有严格的限制，可以通过使用长皮带将运动传递到远处的轴上。

　　滑轮、皮带传动的缺点：①可能引起打滑，降低传动效率。②不能精确传动。

3.4　蜗轮、蜗杆

　　蜗杆是用于两轴互相垂直的情况下的一种特殊类型的齿轮。蜗轮是只有一个齿的特殊齿轮，因此通常用于大比例减速和增加力矩的场合。另外，蜗轮可以驱动小齿轮（正齿轮），但是小齿轮不能驱动蜗轮——称为"自锁"。蜗轮、蜗杆及其安装如图 3-12 所示。

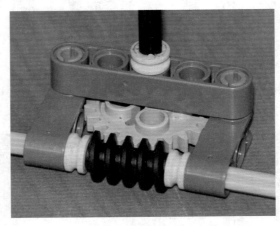

图 3-12　蜗轮、蜗杆及其安装

　　图 3-12 中，蜗轮的转速是齿轮的 24 倍。蜗杆可以把圆周运动变为直线运动。轴每转一周，将提升齿条一个齿。

　　蜗轮、蜗杆传动的优点：结构紧凑，能得到很大的单级传动比，具有自锁功能。也就是说，蜗杆能带动其他蜗轮（齿轮），但是蜗轮不能带动蜗杆。

　　蜗轮、蜗杆传动的缺点：传动效率比齿轮传动低；当蜗杆传动一圈时，蜗轮只传动一格；蜗轮、蜗杆传动多用于减速，以蜗杆为原动件（主动件）；它适用于需要很大扭矩的场合，如抬升重物等。蜗杆抬升重物示意图如图 3-13 所示。

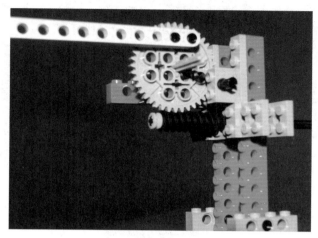

图 3-13　蜗杆抬升重物示意图

3.5　平面连杆传动

平面连杆传动是通过曲轴和连杆构成的一种连接方式。它将曲轴的旋转运动变为连杆的往复运动，或将连杆的往复运动变为曲轴的旋转运动。连杆结构如图 3-14 所示。

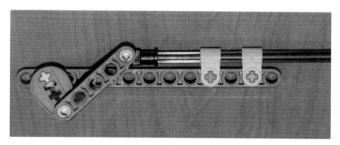

图 3-14　连杆结构

3.6　差动机构

差动机构由一组齿轮组成，用于调节车辆转弯时两边车轮转速的快慢，以减少轮胎与地面的摩擦。差动机构适用于不同路况。差动齿轮及其在小车中的安装情况如图 3-15 和图 3-16 所示。

差速齿轮非常独特，它具有 3 个输入/输出轴。在图 3-16 所示的小车中，电机驱动 1 号轴，而 2 号轴和 3 号轴连接到车轮上。当小车走到转角处时，差速齿轮允许两个轮子以不同的速度向前行走（外面的轮子速度快，因为它走的路程比里面的轮子多）。

图 3-15　差动齿轮

图 3-16　差动机构（图片来源：五十川芳仁《虎之卷》）

3.7　实践与思考

利用所学机械知识设计一个用于机器人拔河的小车。比赛规则：双方拔河,在规定的时间内拉绳距离河较长者判定为胜利。讨论决定拔河比赛胜负的因素。场地如图 3-17 所示。

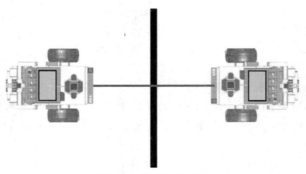

图 3-17　拔河比赛场地

第 4 章　机器人的稳定性

在设计机器人时,结构稳定非常重要,但不是固定件使用得越多越好,在设计机器人时,重量也是必须考虑的一个因素,尤其是在设计可移动机器人时由于物体自身的惯性及电机的轴所能承受的力矩等多种原因,重量的增大,机器人质量越大,加速或制动时需要电机提供的扭矩就越大,从而会导致机器人性能的降低。

在设计机器人时,要考虑机器人的功能和所要完成的任务要求,最好使机器人结构便于拆卸,即功能模块化的结构设计。如要完成不同的任务就设计使用不同的机械臂,这样在需要的时候也可将一些组件用在其他项目上,而无须重新搭建这些结构。另外,在设计机器人结构时,还要考虑到更换某些重要组件、充电以及操作的方便性。

4.1　结　　构

不同结构的力学特点对机器人功能的影响很大,直接影响到机器人的稳定性和工作效率,因此在设计时要设法消除不利影响。首先要考虑的因素是机器人内部组件间的摩擦力,要尽量减小,尤其是与机械臂或轮子相连的结构。机械臂或轮子所承受的重量都是由轴传递的,机械臂或轮子就像杠杆一样,距离越远,作用在轴上的力越大,这个力可能使轴弯曲,使梁变形,在梁与轴之间产生很大的摩擦力。因此,设计机械臂或轴支撑结构时,要尽可能使机械臂或轴与支撑的梁靠近,以减小摩擦的影响,如图 4-1 所示。

(a) 正确　　　　　　　　　　　　　　　　(b) 错误

图 4-1　正确安装与错误安装示例

在条件允许时,尽可能不要用一根梁支持承重轴,而应采取如图 4-2 所示的方式,用双梁支撑承重轴,避免所有可能由轴与支撑物引起的杠杆效应,将摩擦力降至最小。

图 4-2　使用双梁支撑承重轴

在构建机器人时,控制器的位置至关重要,因为控制器在整个机器人质量中占有很大比重,其位置基本决定了机器人重心的高度,对于机器人的运行速度、越野性能都会产生很大的影响。同时,重量在不同结构上的分配对机器人的功能也有很重要的影响,尤其是要建立一个依赖轮子来运动的机器人时,其平衡性十分重要。为了灵活地转弯,要尽可能地保证动力轮上承担机器人大部分的重量。如果主动轮承担的重量过低,会因与地面摩擦减小而出现打滑、空转现象。同时,必须有足够的重量落到从动轮上,以保持稳定,避免倾覆。如同我们骑自行车载物一样,若将重量全部压在前轮上,转弯就会很困难;若全放在后面,就会失去平衡,向后倾倒。

总之,在设计机器人时,要根据任务的要求,综合考虑各方面的因素,经过多次改进、调试,才能创作出完善的机器人作品。

4.2　重　　心

可以认为,机器人的重心就是机器人所有重量的那个"中心点"。重心是由重量和形态共同决定的,较重的部分比较轻的部分更起决定作用,远离中心的部分要比在中心旁边的部分更起决定作用。机器人的重心可以用悬挂法来确定,其重心不一定在机器人上。机器人重心示意图如图 4-3 所示。

重心

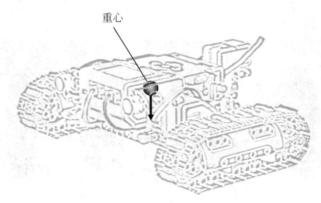

图 4-3　机器人重心示意图

4.3　支撑多边形

支撑多边形是一个虚构的多边形,由机器人与地面接触的那些点连接而成。它由机器人的不同设计而定,但在一般情况下,任何一个稳定装置都会有一个支撑多边形,如图 4-4 和图 4-5 所示。

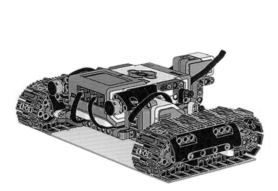

图 4-4　**支撑多边形**

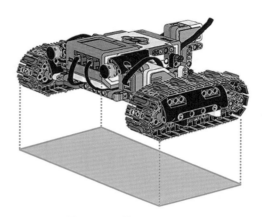

图 4-5　**支撑多边形全景**

4.4　稳　定　性

使机器人稳定的原理很简单:重心在底部的投影要在支撑多边形内部靠近中心点的位置。虽然不必是绝对的中心点,但是越靠近中心,机器人越稳定。由于机器人在运动中会遇到各种情况,其本身的形状也会发生变化,因此在设计机器人的时候必须考虑在各种运动状态下,重心应尽量满足上述要点,如图 4-6 所示。

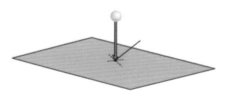

图 4-6　**重心的下垂线落在支撑多边形上**

如果重心不在多边形正上方,重心会以多边形的一条边为轴形成一个转动力矩,使机器人倾翻,如图 4-7 所示。

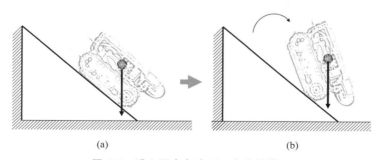

(a)　　　　　　　　　　　　　(b)

图 4-7　**重心不在多边形正上方的情况**

为了保持机器人在运动中的稳定性,即保持重心在运动中时刻处于支撑多边形正上方,可以采取降低重心的方法。在完成任务的同时,尽可能降低重心的高度是很有优势的。降低重心的方法有两种。第一种方法:降低机器人的高度,这在比赛中会受到其他任务的约束,如要拾取某一高度的物体,降低机器人的高度将无法完成任务。因此,单纯降低高度的方法不可行,这时就要考虑第二种方法:在机器人底部增加配重,从而降低其整体的重心位置。为了保持稳定性,增加支撑多边形面积也是一种普遍使用的方法。

4.5　实践与思考

保持机器人在运动中稳定性的方法有哪几种? 请以模型的方式来说明。

第 5 章   机器人的结构设计

机器人在运动中的伸展和提升性能,历来是机器人比赛中一个重要的指标。因为按比赛要求,机器人在上场前必须经过体积大小的检测,在场地中如果能够有更好的伸展性能,将对成绩十分有利。因此,机器人提升自身高度以及提升物体的能力是设计的重要内容。

5.1   平行四边形结构

最常用的提升物体的方法是利用平行四边形的特点设计机械臂。如图 5-1 所示,CD 为固定边,固定在机器人上,电机控制顶点 C 转动,C 轴转动后带动 AC 边运动,从而带动整体结构运动。因为 CD 边与 AB 边保持平行,所以这种装置可以方便地控制机械臂抬升的动作,其优点是结构简单,抬升速度快,效率高;缺点是对电机的扭矩要求较大,且在抬升过程中,抬升物体的水平位置会有变化。图 5-2~图 5-4 所示为几种常用的平行四边形结构。

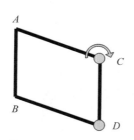

图 5-1   **机械臂(提升)**

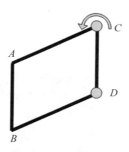

图 5-2   **机械臂(降落)**

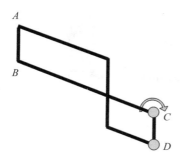

图 5-3   **改进型机械臂(提升)**

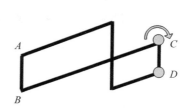

图 5-4   **改进型机械臂(降落)**

EV3 实物模型如图 5-5 所示。

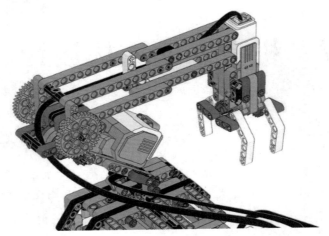

图 5-5　EV3 机械臂中使用的平行四边形结构

5.2　滑　　轨

　　乐高套装中没有提供现成的滑轨,但是可以利用现有的零配件很方便地制作类似的装置。

　　滑轨可以让机器人在单一方向往复直线运动。在提升物体、水平移动时,滑轨通常与链条、齿条配合使用,是不可缺少的固定装置。使用滑轨设计机器人的抬升结构,其优点是结构紧凑,电机力矩小;缺点是抬升效率低,抬升速度慢。滑轨结构及其应用如图 5-6～图 5-8 所示。

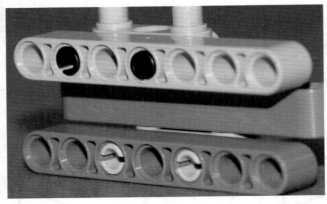

图 5-6　滑轨结构

　　使用滑轨结构,与齿轮、齿条、滑轮、履带等结合,可以搭建提升装置。图 5-9 所示为通过履带提升物体。

图 5-7　利用滑轨制成的提升装置

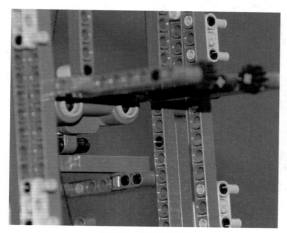

图 5-8　滑轨局部

图 5-9　EV3 利用履带提升物体

5.3　平行四边形交叉升降

在机械设计中常用到一种平面连杆组成的平行四边形交叉升降装置,如图 5-10 所示。

在这种结构中,A 点是固定点,与车身结构相连接;B 点与滑动杆连接,可以水平移动。通过移动 B 点位置,或四边形的角度,达到提升的作用。这是常用的抬升结构之一,如图 5-11 所示。

平行四边形交叉结构的优点是在初始状态时,体积较小,抬升高度较高,并可随意改

变,操作较灵活;在抬升过程中,水平位置没有移动。其缺点是结构比较复杂。

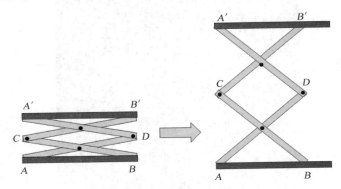

图 5-10　平行四边形交叉结构

图 5-11　平行四边形抬升结构

5.4　触角和传感器的安装

5.4.1　简单的触角

对周围环境产生反应是智能机器人的特点。传感器是接收周围反应的感觉器官,安装好传感器是机器人能否发挥功能的一个重要项目。下面将介绍使用触碰传感器和光电传感器设计触角的一些思路。

简单的触角如图 5-12 所示。这是一个最简单的触角搭建方式,它的接触面窄,灵敏度较差。如果与障碍物不是正碰,将不会发生作用。因此,如果不将其作为启动开关使用,不应采用这种形式。

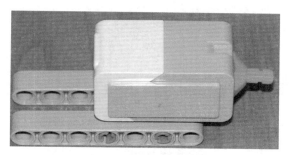

图 5-12　简单的触角

　　改进后的触角如图 5-13 所示。改进后的触角使用两个轴作为导向销,以避免发生扭曲,提高了灵敏度,但是与障碍物的接触面仍然很小。

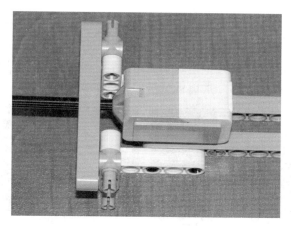

图 5-13　改进后的触角

5.4.2　杠杆型触角

　　杠杆型触角如图 5-14 和图 5-15 所示。杠杆型触角使用了一个很长的臂,其灵敏度有了很大提高。这也是设计机器人结构常用的一种方式。

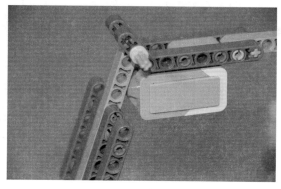

图 5-14　杠杆型触角

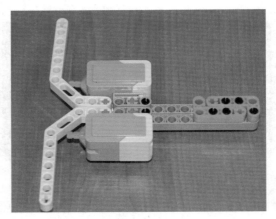

图 5-15　双方向杠杆型触角

5.4.3　夹子和爪

　　机械爪是机器人完成指令的一个重要输出装置。机械爪是否合理、有效，决定了机器人能否发挥出应有的作用。部分常用机械爪的结构如图 5-16 所示。

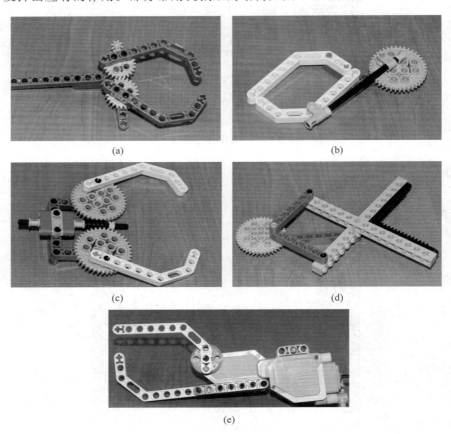

(a)　　　　　　　　　　　　　(b)

(c)　　　　　　　　　　　　　(d)

(e)

图 5-16　部分常用机械爪的结构

5.5　实践与思考

设计制作一个提升装置,通过不同机械结构的组合,提高提升物体的能力。参考结构如图 5-17 和图 5-18 所示。

图 5-17　提升装置 1

图 5-18　提升装置 2

第 6 章　初识 EV3

EV3 作为 NXT 之后的新一代机器人控制器,在编程方法上保持了原有的图形化编程方法,使初学者可以轻松上手。但其界面却有了改变,抛弃了原有的模块属性设置面板,在模块表面可以修改模块属性,增加了程序的可读性。同时,引入了工程文件的概念,可以将图片、声音文件加入到程序中,增加了程序的趣味性,更有效地利用 EV3 的存储空间,可以储存更大、更多的资源。EV3 编程软件还在其他很多地方有所改进,下面就来认识一下 EV3 的编程环境。

6.1　安装 EV3 及编程环境介绍

新版的编程软件需要我们从乐高教育的网站下载安装,下载网址为 https://education.lego.com/zh-cn/downloads/mindstorms-ev3/software。

6.1.1　安装 EV3

下载后双击软件 即可安装,如图 6-1 所示。

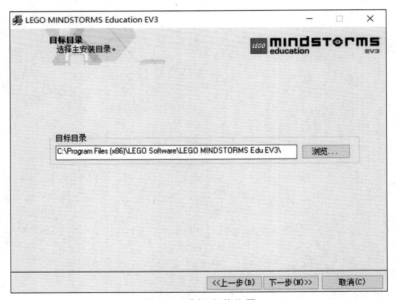

图 6-1　选择安装位置

EV3 包括教师版和学生版，可以在安装时进行选择。本书为方便教学使用选择教师版，如图 6-2 所示。

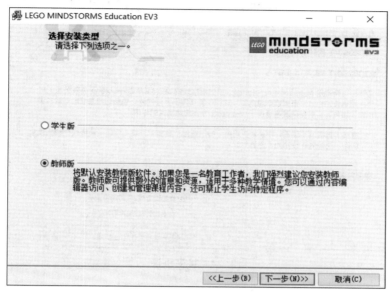

图 6-2 选择安装的版本

接受安装协议后如图 6-3 和图 6-4 所示。

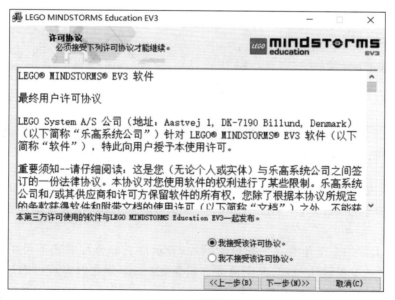

图 6-3 接受协议

单击"下一步"按钮进入安装状态，如图 6-5 所示。安装完成如图 6-6 所示。

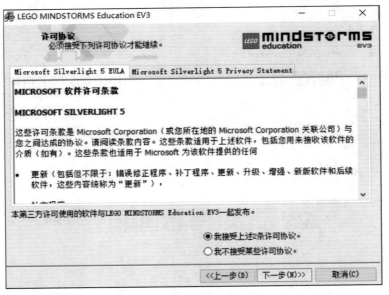

图 6-4　接受协议

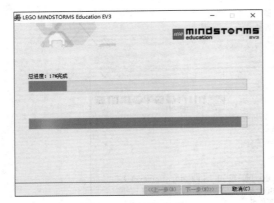

图 6-5　安装软件

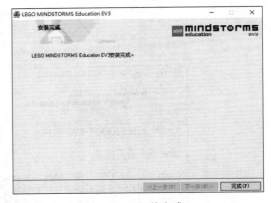

图 6-6　安装完成

　　软件安装完成后桌面上会出现快捷方式的图标，双击它，就可以启动 EV3 编辑软件。启动 EV3 程序，如图 6-7 所示进入了 EV3 大厅，这里提供了大量的模型和教程可供参考，如图 6-7 所示。

　　其中，在大厅的左下角有三个灰色的图片，表示这三部分目前还不可用，如图 6-8 所示。它们分别是工程设计项目、太空挑战和科学，这三部分的内容可以通过单击项目图片，从显示的网址中下载，如图 6-9 所示。

　　本书中将会用到科学课程，请读者登录图 6-9 的网址下载并安装科学课程，如图 6-10 所示。

　　同样，也可以安装工程设计项目和太空挑战内容。

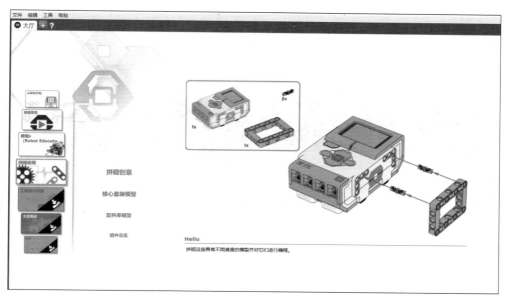

图 6-7　EV3 大厅

图 6-8　灰色图片

图 6-9　下载项目内容

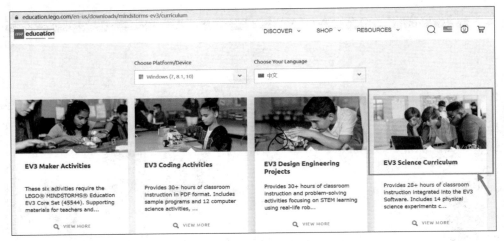

图 6-10　下载科学课程

6.1.2　编程环境介绍

全部安装后重启软件,进入 EV 大厅,如图 6-11 所示。

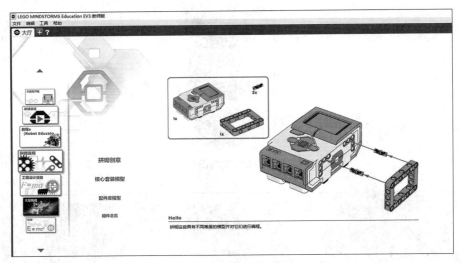

图 6-11　软件大厅

在 EV3 的编程软件中,每一个工程文件可以包含若干个程序和实验文件,我们可以单击左上角的"＋"按钮新建一个工程文件。

EV3 连接方式

6.2　EV3 连接方式

无论是将程序从计算机下载到 EV3 控制器,还是 EV3 控制器之间的通信,都有一个通信方式的问题。EV3 控制器与计算机以及 EV3 控制器之间的通信主要有三种方式,即 USB

方式、蓝牙方式及 Wi-Fi 方式。这三种方式各有特点，应根据机器人的环境情况选用。

6.2.1　USB 连接

用 USB 数据线将 EV3 控制器与计算机连接，是一种最普遍和最稳定的方式，如图 6-12 所示。

通过 USB 数据线将 EV3 控制器连接到计算机，然后打开 EV3 控制器电源开关，在编程软件中可以看到连接方式，如图 6-13 所示。

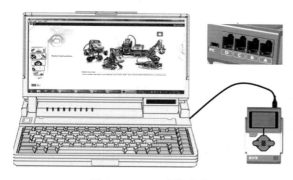

图 6-12　USB 连接方式

图 6-13　用 USB 数据线将 EV3 连接到计算机

6.2.2　蓝牙连接

蓝牙技术是一种无线数据与语音通信的开放性全球规范，其实质内容是为固定设备或移动设备之间的通信环境建立通用的无线电空中接口（Radio Air Interface），将通信技术与计算机技术进一步结合起来，使各种 3C 设备（Computer，计算机；Communication，通信；Consumer Electrics，消费类电子）在没有电线或电缆相互连接的情况下，能在近距离范围内实现相互通信或操作。简单地说，蓝牙技术是一种利用低功率无线电在各种 3C 设备间彼此传输数据的技术。

在 PC 上连接蓝牙设备的操作步骤如下。

（1）打开 EV3 的蓝牙开关。将蓝牙设备接在计算机的 USB 接口上，计算机将自动安装有关驱动程序。在计算机屏幕的右下角会出现一个蓝牙图标，如图 6-14 所示。

（2）单击蓝牙图标，弹出如图 6-15 所示的对话框。

蓝牙设备

图 6-14　蓝牙图标

图 6-15　蓝牙对话框

（3）选择"添加设备"选项，如图 6-16 所示。

图 6-16　添加新设备

（4）输入连接密码。初始密码通常为"1234"，完成安装，如图 6-17 和图 6-18 所示。

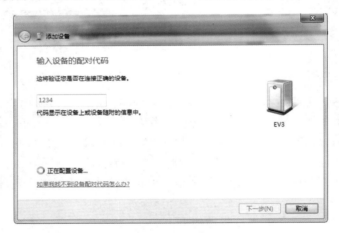

图 6-17　输入密码

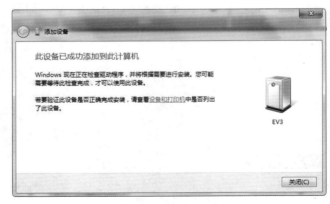

图 6-18　完成安装

6.2.3 Wi-Fi 连接

打开 Wi-Fi,然后选择 Tools 对无线网进行设置,如图 6-19~图 6-26 所示。

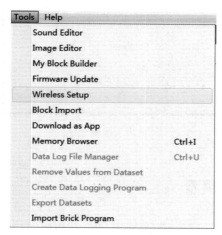

图 6-19 无线网设置

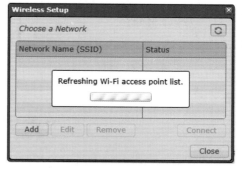

图 6-20 选择 Wi-Fi 网

图 6-21 单击 Ok 按钮

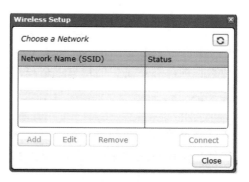

图 6-22 增加新的 Wi-Fi 网络

图 6-23 输入 Wi-Fi 网名称

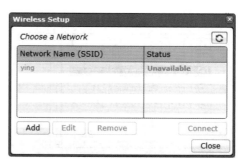

图 6-24 选择 Wi-Fi 网

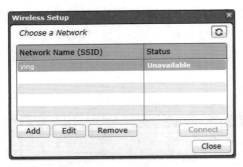

图 6-25 连接

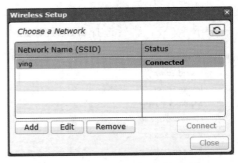

图 6-26 连接完成

EV3 控制器

6.3 EV3 控制器

控制器是为机器人赋予活力的控制中心。EV3 控制器界面使用显示屏和按钮,包含四个基本屏幕,可访问使用 EV3 控制器的一系列功能。

6.3.1 最近使用程序

在下载并运行程序以前,该屏幕一直是白屏。运行程序后,屏幕显示最近运行的程序。列表顶部是默认选中的最近一次运行的程序,如图 6-27 所示。

6.3.2 文件导航

通过该屏幕可以访问并管理在 EV3 控制器上的所有文件,包括存储在 SD 卡上的文件。文件被组织在文件夹中,除了实际程序文件外,还包含各项目使用的声音和图像。在文件导航屏幕中,可移动或删除文件。通过控制器编程应用程序创建的程序分别存储在 BrkProg_SAVE 文件夹中。文件导航屏幕如图 6-28 所示。

图 6-27 最近使用的程序

图 6-28 文件导航屏幕

6.3.3　EV3 应用程序

EV3 控制器带有预先安装的应用程序,随时可用。此外,还可以在 EV3 软件中创建自己的应用程序。将其下载到 EV3 控制器后,自制的应用程序会在此处显示。预先安装的应用程序如图 6-29 所示。

1) 端口视图

在端口视图的第一个屏幕上将会看到一些端口连接传感器或电机。使用 EV3 控制器按钮导航到某个已使用的端口,将看到从传感器或电机返回的当前读数。可连接一些传感器和电机,进行不同设置下的实验。按压"中"按钮,可查看或更改已连接电机和传感器的当前设置;按压"返回"按钮,可返回到控制器应用程序主屏幕。EV3 控制器端口视图如图 6-30 所示。

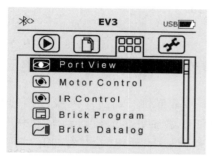

图 6-29　EV3 应用程序

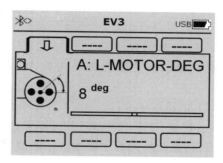

图 6-30　EV3 控制器端口视图

2) 电机控制

控制器控制连接到四个输出端口之一的任何电机的正向和反向运动。有两种不同的模式,一种是控制连接到端口 A 的电机(使用"上"和"下"按钮)和连接到端口 D 的电机(使用"左"和"右"按钮);另一种是控制连接到端口 B 的电机(使用"上"和"下"按钮)和连接到端口 C 的电机(使用"左"和"右"按钮)。使用"中"按钮在两种模式之间切换。按压"返回"按钮,返回到应用程序主屏幕。EV3 控制器电机控制图如图 6-31 所示。

3) 红外控制

使用远程红外信标作为远程控制,红外传感器作为接收器来控制已连接到四个输出端口之一的

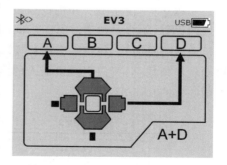

图 6-31　EV3 控制器电机控制图

任何电机的正向和反向运动(红外传感器必须连接到 EV3 控制器端口 4)。有两种不同的模式:一种模式是使用远程红外信标上的频道 1 和频道 2。在频道 1 上,控制连接到端口 B 的电机(使用远程红外信标上的按钮 1 和按钮 2)和连接到端口 C 的电机(使用远程红外信标上的按钮 3 和按钮 4);在频道 2 上,控制连接到端口 A 的电机(使用远程红外信标上的按钮 1 和按钮 2)和连接到端口 D 的电机(使用远程红外信标上的按钮 3 和按

钮 4）。另一种模式是通过使用远程红外信标上的频道 3 和频道 4 来控制电机。使用"中"按钮可在两种模式之间切换。按压"返回"按钮，返回到 Brich Apps 主屏幕。红外控制图如图 6-32 所示。

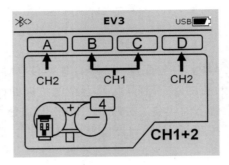

图 6-32　红外控制图

4）EV3 自编程环境

EV3 可以只使用控制器编程，完成部分控制功能。下面介绍自编程环境的使用方法。

（1）创建程序。打开 EV3 自编程程序。Start 屏幕提供了通过序列线连接的 Start 和 Loop 模块。中间的 Add Block 垂直虚线表示可以添加更多的模块到程序中。按压"上"按钮，从模块面板中添加一个新的模块。在模块面板中，使用"左""右""上""下"按钮导航来选择添加哪个新模块。进一步导航，会显示更多模块。继续向下导航，将返回到原始的程序。通常，有两种模块类型——动作和等待。动作模块指示器是模块右上方的一个小箭头，等待模块指示器是一个小沙漏。总之，共有 6 种不同的动作模块和 11 种不同的等待模块供选择。当找到想要的模块时，导航到它并按压"中"按钮，即可跳转回到程序中。在程序中，使用"左"和"右"按钮在各模块之间导航。按压"中"按钮来更改突出显示模块的设置（始终是位于屏幕正中间的模块），或添加一个新模块（序列线突出显示，且添加模块线可见时）。在每一个编程模块上，使用"上"和"下"按钮更改设置。例如，在动作移动转向模块上，可以更改机器人的路径方向。当选择好想要的设置后，按压"中"按钮，如图 6-33～图 6-35 所示。

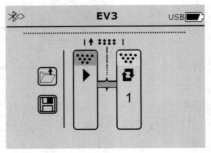
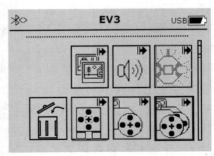

（a）开始屏幕　　　　　　　　　（b）模块面板

图 6-33　EV3 自编程环境面板

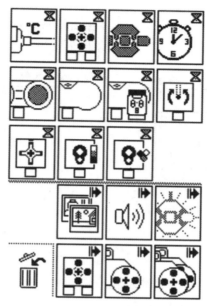

图 6-34 全部屏幕面板

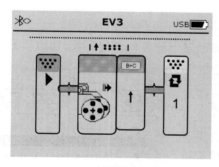

(a) 新增模块

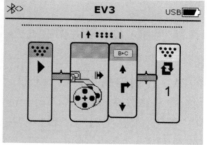

(b) 调整模块

图 6-35 EV3 自编程环境中添加调整模块属性

（2）删除模块。如果想从程序中删除一个模块，首先突出显示想要删除的模块，然后按压"上"按钮转至 Block Palette。在模块面板中，导航到最左边的"回收站"，然后按压"中"按钮，模块即被删除。删除模块如图 6-36 所示。

（3）运行程序。要运行程序，使用"左"按钮导航到程序中最初的 Start 模块。按压"中"按钮，程序将运行，如图 6-37 所示。

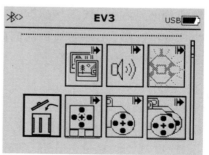

（4）保存和打开程序。要保存程序，导航到最左边的 Save 图标。单击 Save 图标后，将提示输入程序名称或接受默认名称。然后，单击 OK 按钮，

图 6-36 删除模块

程序被保存到 BrkProg_SAVE 文件夹中。可以在 File Navigation 屏幕中访问该文件夹，也可以单击 Save 图标上面的 Open 图标打开任何一个现有的 EV3 程序。使用"上"和"下"按钮在这两种图标中间切换。保存和打开程序如图 6-38 所示。

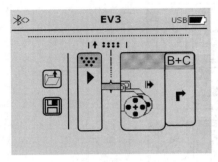

图 6-37　运行程序

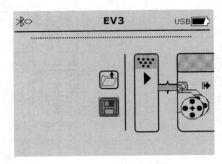

图 6-38　保存和打开程序

5）EV3 传感器数据

可以使用传感器采集 EV3 传感器数据。在此过程中，屏幕上会显示数据随时间变化的曲线。这一数据可以以文件的形式保存。

6.4　设　置

通过"设置"界面可以查看并调整 EV3 控制器上的各种常规设置，如图 6-39 所示。

1. 音量

要调节 EV3 控制器扬声器的音量大小，需跳转至 Settings 屏幕。作为主菜单，Volume 突出显示。按压"中"按钮，然后使用"右"和"左"按钮更改音量设置，范围为从 0～100%；再次按压"中"按钮接受更改，并返回到 Settings 屏幕。

2. 睡眠

要更改 EV3 控制器进入睡眠模式前处于非活动状态的时间，转至 Settings 屏幕并使用"下"按钮导航到 Sleep 菜单。按压"中"按钮，然后使用"右"

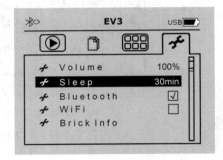

图 6-39　设置界面

和"左"按钮选择更短或更长的时间段，间隔可从 2s 到从不睡眠；再次按压"中"按钮接受更改，并返回 Settings 屏幕。

3. 蓝牙

EV3 控制器支持蓝牙功能。在该界面可以选择特定的隐私设置和苹果 iOS 设置，也可以连接到其他蓝牙设备，如另一个 EV3 控制器。当在 Settings 页面选择 Bluetooth 时，有 4 个选项，即 Connections、Visibility、Bluetooth 和 iPhone/iPad/iPod。要转至主 Settings 屏幕，按压"下"按钮，直至屏幕下方的选中标记突出显示，然后按压"中"按钮确定。

　　在此可以启用 EV3 控制器上的标准蓝牙功能。使用"上"和"下"按钮选择 Bluetooth,然后按压"中"按钮确定。"蓝牙"框中将出现选中标记,表示 EV3 控制器上的蓝牙功能已经启用,蓝牙图标※出现在 EV3 控制器显示屏的左上方,如图 6-40 所示。

　　注:该设置将不允许连接到 iOS 设备。为此,需要选择 iPhone/iPad/iPod 设置。

　　要禁用蓝牙,可重复上述过程,然后取消选中"蓝牙"框。仅当要使用蓝牙功能将 EV3 控制器连接到苹果 iOS 设备(iPhone、iPad 和 iPod)上时,才选择 iPhone/iPad/iPod 设置(确保 iOS 设备已启用蓝牙功能)。

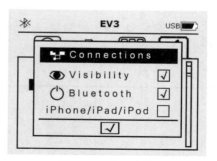

图 6-40　**蓝牙连接**

　　注:使用该设置,将无法与其他蓝牙设备通信,包括计算机和其他 EV3 控制器。

　　无法同时选择启用标准蓝牙和苹果 iOS 设备蓝牙通信。要启用和禁用苹果 iOS 设备蓝牙通信,请使用"上"和"下"按钮选择 iPhone/iPad/iPod,然后按压"中"按钮确定。

　　(1) 连接。该选项允许发现和选择其他可用蓝牙设备(确保已启用蓝牙)。单击 Connections,将跳转至 Favorites 屏幕,显示信任的设备并以选中标记指示。访问信任的设备不需要密码。可以利用这些复选框管理设备,将其设置为 Favorites。如果再单击 Search,EV3 控制器会扫描该区域内所有能检测到的蓝牙发射设备,包括其他 EV3 控制器。最喜欢的设备将显示为带有"＊"符号。

　　使用"上"和"下"按钮选择列表上想要连接的设备,然后按压"中"按钮确定。如果选择连接到一个尚未标记为 Favorites 的设备,将提示输入密码来建立连接。一旦其他设备验证了该密码,将自动连接到该设备。

　　(2) 可视化。如果选择 Visibility 设置,其他蓝牙设备(包括其他 EV3 控制器)可以发现并连接到 EV3 控制器。如果取消选择 Visibility,EV3 控制器不会响应其他蓝牙设备的搜索命令。

4. Wi-Fi

　　通过该界面,可以使用 EV3 控制器上的 Wi-Fi 将其连接到无线网络。选定 Settings 屏幕上的 Wi-Fi,再通过"上"和"下"按钮选择"Wi-Fi"并按压"中"按钮确认。Wi-Fi 框中将出现选中标记。EV3 控制器上的 Wi-Fi 启用后,Wi-Fi 图标会出现在 EV3 控制器显示屏的左上方。

　　要转至主 Settings 屏幕,按压"下"按钮,直至屏幕下方的选中标记突出显示,然后按压"中"按钮确定。

5. EV3 控制器信息

　　当需要了解 EV3 控制器当前的技术规格时,如硬件和固件版本,以及 EV3 控制器 OS 内部版本,可以在此查找,也可以在此找出有多少剩余的可用内存。

6.5 将两台 EV3 通过蓝牙连接

现在有两台 EV3 控制器，一台名为 EV3，另一台名为 Zjc。下面在 EV3 上查找并连接 Zjc，如表 6-1 所示。

表 6-1 两台 EV3 通过蓝牙连接

说　　明	图　　示
1. 选择 Tools(工具)→Bluetooth(蓝牙)打开"蓝牙"菜单	
2. 通过"可见性选择"，将两台 EV3 控制器设置成对其他蓝牙设备可见(Visibility)，然后选择"连接"	
3. 选择 Search 搜索	
4. 搜索中	

说　　明	图　　示
5. 发现新设备 Zjc。经过搜索,EV3 将找到的蓝牙设备显示在屏幕上	
6. 选择想要连接的蓝牙设备。选择 Connect(连接)	
7. 连接中	
8. 连接完成	
9. 在被连接的设备中显示:Connect?（是否连接）	

续表

说　　明	图　　示
10. 密码可以保证只有蓝牙设备才能连接到 EV3 设备。无论什么时候，只要是第一次连接蓝牙设备到 EV3，都需要输入默认密码"1234"或自定义密码。其他蓝牙必须知道密码才能完成连接。确定"连接"	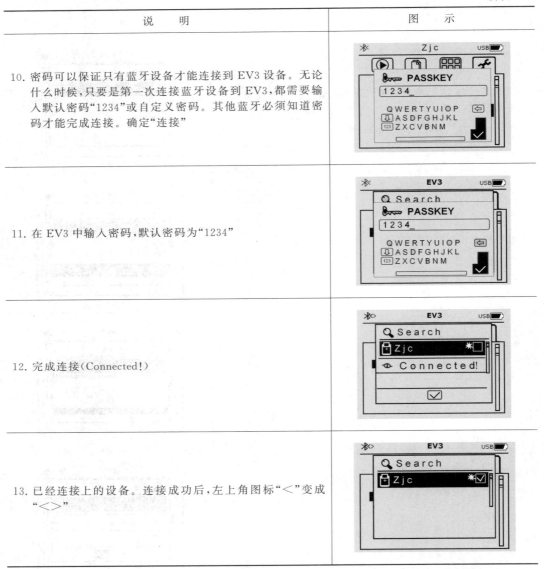
11. 在 EV3 中输入密码，默认密码为"1234"	
12. 完成连接（Connected!）	
13. 已经连接上的设备。连接成功后，左上角图标"＜"变成"＜＞"	

6.6　EV3 输出的应用

　　在 EV3 中有多种输出方式，如电机、屏幕、声音等。这些输出信息不仅是机器人的功能，而且可以让我们了解机器人程序运行的状态，以便在编写程序时借助这些输出信息做出提示。

6.6.1　Welcome EV3

【例 6-1】　编写 EV3 程序，在 EV3 控制器屏幕上显示 Welcome EV3。

分析：EV3 控制器屏幕的尺寸是 178 像素×128 像素，其原点在左上角，也就是说，左上角的点的坐标为 (0,0)，右下角的点的坐标为 (177,127)。正常情况下，屏幕显示 22 行文字，从上到下分别为第 0 行至第 21 行，用于显示文字、图形，如图 6-41 所示。

显示模块如图 6-42 所示。

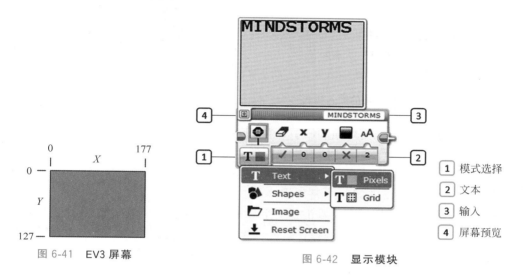

图 6-41　EV3 屏幕

图 6-42　显示模块

其中，文字分为栅格显示和像素显示。可以在屏幕上显示输入的文字，如图 6-43 所示。

为了看清输出的文字，还要使用一个延时功能模块。完成后的程序如图 6-44 所示。

图 6-43　文字显示

图 6-44　显示 Welcome EV3 程序

单击下载并运行 ▶ 按钮，屏幕显示如图 6-45 所示。该图停留 2s，因为使用了延时模块，并将延时时间设为 2s。

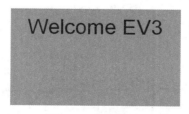

图 6-45　运行程序

显示模块也可以显示其他模块传入的数据，如图 6-46 所示。

LEGO MINDSTORMS Education EV3 软件对控制 EV3 的程序提供了三种运行模式，分别为下载运行模式、直接运行模式和运行选择模块模式，如图 6-47 所示。

图 6-46　显示模块的输入模式

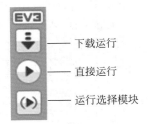

图 6-47　三种运行模式

计算机直接运行模式更好地利用了计算机的运算能力，但直接运行模式必须使计算机与 EV3 控制器保持连接，这将影响机器人的运动。

可以根据不同的情况选择不同的指令测试或运行程序。

【例 6-2】　在机器人上显示丰富的表情。

分析：EV3 的显示模块不仅提供了文字显示功能，而且可以有丰富的图像展示。在程序中引入屏幕显示模块，然后选择显示内容为"图片"，在"文件名称"栏中看到不同的图片文件，如图 6-48 所示。

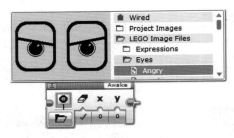

图 6-48　图片预览

既可以通过数据连线传输文件名称，也可以选用工程中所存的图像文件，乐高 EV3 还有很多专用的图形文件。

参考程序如图 6-49 所示，程序运行结果如图 6-50 所示。

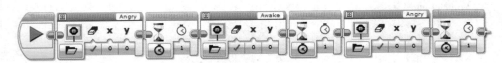

图 6-49　参考程序

图 6-50　各持续 2s

6.6.2　开口说话

【例 6-3】　让机器人播放声音。

分析：为了让机器人播放声音，需要使用声音模块，如图 6-51 所示。

1　模式选择

2　声音文件名

3　输入

图 6-51　**声音模块及其功能**

在 EV3 中，不仅可以使用软件提供的声音文件，而且可以自己编辑音乐。EV3 编程软件提供了声音编辑和播放功能，可以用声音编辑器编辑声音，如图 6-52 和图 6-53 所示，并在程序中调用声音模块。

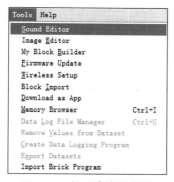

图 6-52　**打开声音编辑器**

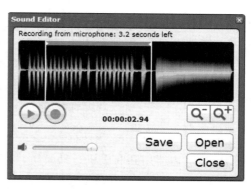

图 6-53　**录音或打开已有声音文件**

选择需要的声音部分，命名并保存。如果打开"工程属性"窗口，就会看到保存的声音文件，如图 6-54 所示。

工程属性　　　声音文件

图 6-54　**查找声音文件**

在编程窗口调入声音模块,可以根据文件名称找到工程项目下的声音文件,如图 6-55
所示。

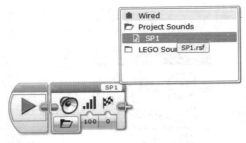

图 6-55　设置声音

将程序下载并运行,就可以听到机器人发声了。在 EV3 中内置了部分声音文件,同
样可以方便地使用。

6.6.3　行动起来

现在,我们的机器人已经有丰富的表情,并且"能言善
辩"。下面,就让它行动起来,出去闯荡一番吧!

【例 6-4】　让机器人沿正方形路线行走。

机器人比赛场地如图 6-56 所示,要求机器人从起始点
出发,沿所示路线绕过障碍物 A,回到出发的位置。

分析:搭建一个如附录所示的机器人,电机设置如
表 6-2 所示。

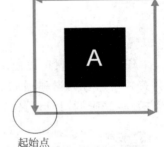

图 6-56　**机器人场地和任务**

表 6-2　**电机设置**

端　口	类　别	描　述	端　口	类　别	描　述
B	电机	右后	C	电机	左后

机器人运动需要用到双电机运动模块,如图 6-57 所示。

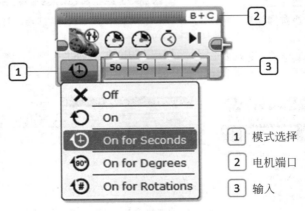

1	模式选择
2	电机端口
3	输入

图 6-57　**双电机运动模块**

其中,模式选项为 Off(关闭)、On(开启)、On for Seconds(运动……秒)、On for Degrees(运动……角度)、On for Rotations(运动……圈)。选择 On 并不会持续运动,要和循环模块配合,才会持续运动。

电机的运动方向规定如图 6-58 所示。

1 正向转动　2 反向转动

图 6-58　电机的运动方向规定

前面讨论过转弯方式。选择让一台电机继续运动,另一台电机以反向的方式实现转弯。

参考程序如图 6-59 所示。其中,第一行尾到第二行头的连接线是按住 Shift 键完成的。程序中各参量的设置必须在场地测试才能确定。

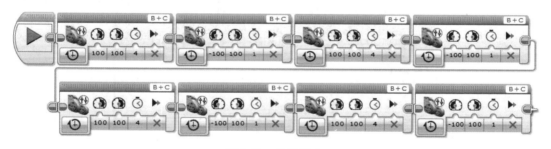

图 6-59　参考程序

6.7　文档的建立与使用

EV3 编程软件提供了自建文档功能,这是一个让 EV3 软件设计者十分自豪的创新之作。利用文档的功能,可以将自己设计的机器人的有关资料(如视频、声音、图片和文字等)存入项目文件,让接触这一项目的人更好地了解设计。

新建一个文档,首先将搭建机器人的步骤图片用一个演示文档来展示,如图 6-60 所示。

将这一演示文稿另存为图片(JPEG 文件交换格式),如图 6-61 所示。

确定将每一张幻灯片存为图片,如图 6-62 所示。

这样,每一张幻灯片都会以图片的形式存入文件夹。现在启动 LEGO MINDSTORMS Education EV3,并新建一个程序,如图 6-63 所示。

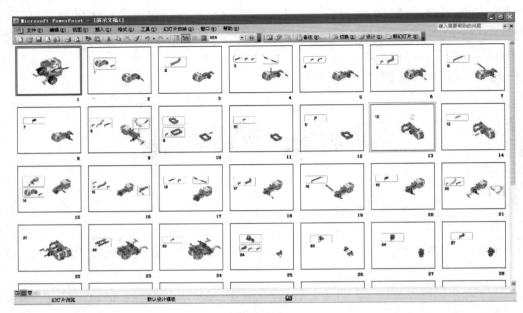

图 6-60　搭建步骤用演示文稿展示

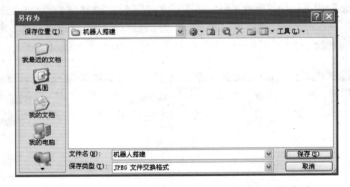

图 6-61　将演示文档另存为图片（JPEG 文件交换格式）

图 6-62　选择"每张幻灯片"

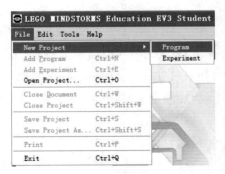

图 6-63　新建程序

右上角为文档编辑窗口,可以在这里编辑所需文档。如果没有出现文档编辑窗口,工具栏中会有一个打开内容编辑的图标 📖。单击它,将会出现文档编辑窗口,如图 6-64 所示。

图 6-64　编辑窗口

　　为了说明模型的作用,首先导入这一模型的运动视频,单击■按钮导入事先录制好的视频,如图 6-65 所示。

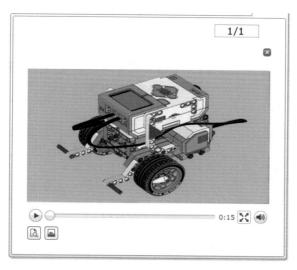

图 6-65　视频

　　单击工具栏中的■按钮,进入编辑模式,如图 6-66 所示。
　　单击左下角的“＋”按钮,再选择一个模板,可以增加新的内容,如图 6-67 所示。其中,可以增加的各项内容的功能如表 6-3 所示。

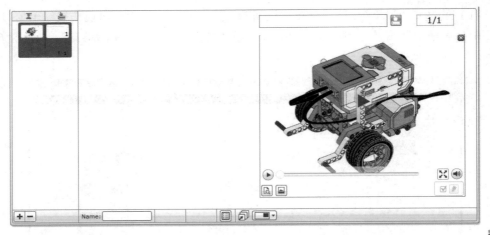

图 6-66 编辑模式

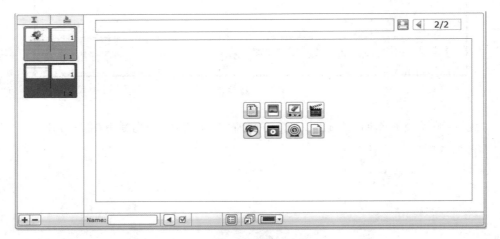

图 6-67 增加新的内容

表 6-3 自建文档按钮功能

媒体类型	说　　明
	文本,用于文字说明
	图片
	搭建结构图
	视频,展示项目的功能
	声音文件
	可以是 、 、 、 、 类型的文件
	可以从与计算机连接的摄像头截取图像
	表格

这里增加一个模型的搭建过程介绍,单击 ⧉ 按钮,弹出如图 6-68 所示的界面。

图 6-68　搭建过程介绍

单击图中右边的"＋",进入存有图片的文件夹,然后选择所有图片,如图 6-69 所示。

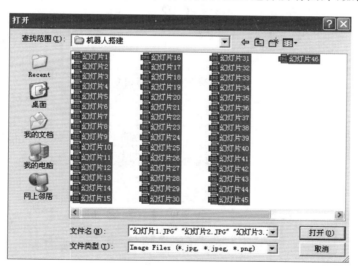

图 6-69　选择所有图片

打开图片,就可以在文档窗口看到搭建的内容,如图 6-70 所示。

在程序窗口增加一个程序,默认名称为 Programe2,然后关闭窗口,如图 6-71 所示。

新增文档内容,然后选择图片,将程序的截图输入,如图 6-72 所示。

选择 ⊞ 设置当文档内容出现时的页面动作,如图 6-73 所示。

这里选择当这一页出现时,打开程序 Program.ev3p。

设置完成后,保存工程。当进入程序页时,Program.ev3p 就会自动打开。

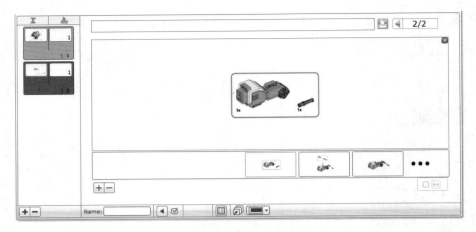

图 6-70　完成的搭建内容演示

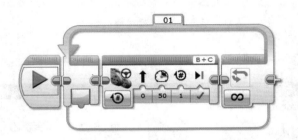

图 6-71　新建程序后关闭程序窗口

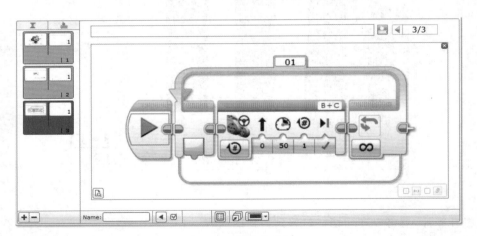

图 6-72　程序的截图

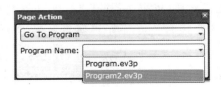

图 6-73　打开程序选择

6.8　实践与思考

　　机器人比赛场地为 1m×2m 的区域。在中线上放置不同颜色的小球，小球中心高度为 7cm，如图 6-74 所示。

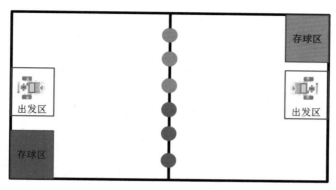

图 6-74　机器人比赛场地

　　请设计一辆带有机械臂的小车，从出发区出发，寻找己方颜色的小球，然后将小球取回并放置于存球区。

第7章 程序结构

结构化程序设计提供了三种基本结构：顺序结构、选择结构和循环结构，由这三种基本结构可以组合任何复杂的程序设计。在第 6 章中，所有的程序模块都是按照一定顺序执行的。程序的执行顺序就是模块的排列顺序，这种结构称为顺序结构。本章将介绍的结构模块提供了更多编程方法，使我们能编写出更加复杂的程序，如图 7-1 所示。

图 7-1　程序结构模块

结构模块包含五个部分，如图 7-1 所示，分别为程序开始、等待、循环、分支、终止；可将其视为程序设计中的三个基本结构，即顺序结构、循环结构和选择结构。借助这些模块，可以实现程序中的跳转、选择、循环、判断等功能。

7.1　等待模块的使用

等待模块
的使用

通过模块 ⏳，机器人可以在继续运行之前等待一个特定的条件。通过键盘输入一个触发值，当传感器的值低于或高于该值时，程序继续执行。等待的条件可以是时间，也可以是各种传感器测得的周围环境参数的变化，如表 7-1 所示。

【例 7-1】　找到红颜色，并发出声音"red"。

分析：等待模块中有颜色传感器，它既可以检测光的强度，又可以分辨不同的颜色。这里选择分辨颜色功能，如图 7-2 所示。

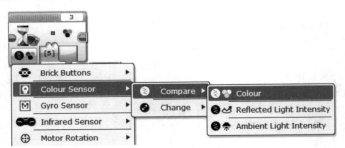

图 7-2　分辨颜色

表 7-1　等待模块

	等待模块
Brick Buttons	控制器按钮
Colour Sensor	颜色传感器
Gyro Sensor	陀螺仪
Infrared Sensor	红外传感器
Motor Rotation	电机转动角传感器
Temperature Sensor	温度传感器
Timer	时间
Touch Sensor	触碰传感器
Ultrasonic Sensor	超声波传感器
Energy Meter	能量检测
NXT Sound Sensor	NXT 声音传感器
Messaging	蓝牙信号
Time Indicator	时间指示

如果检测到红色,则继续运行程序。设置颜色模块如图 7-3 所示。

其中,右上角的"3"表示颜色传感器接在 3 端口。相应的声音模块设置如图 7-4 所示。

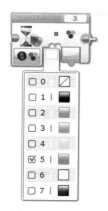

图 7-3　选择红色

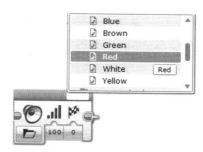

图 7-4　声音模块设置

传感器设置如表 7-2 所示。参考程序如图 7-5 所示。

表 7-2　传感器设置

端　口	类　别	描　述
3	光电传感器	检测颜色

图 7-5　参考程序

7.2 获得传感器检测值的方法

如何设置传感器的触发阈值？这需要根据现场检测的结果，并按照如下步骤设置。

（1）将传感器连接到机器人的输入端口。这里将一个 NXT 声音传感器连接到 EV3 的 2 端口。

（2）打开 EV3，各屏幕的菜单如表 7-3 所示。

表 7-3　屏幕菜单

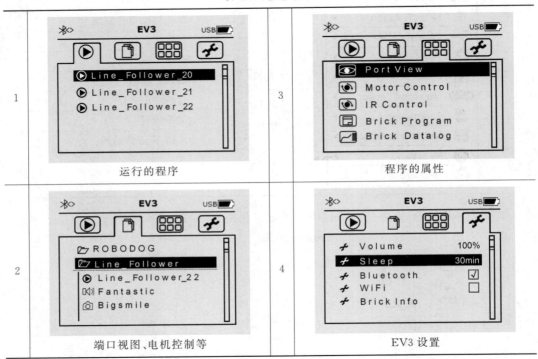

1	运行的程序	3	程序的属性
2	端口视图、电机控制等	4	EV3 设置

（3）选择第三个屏幕窗口，然后利用 EV3"上""下"选择按钮，选择 Port View。

（4）选择与声音传感器连接的端口，就可以在屏幕上读取检测的数据，如图 7-6 所示。

（5）根据检测值，设置传感器触发阈值。

【例 7-2】　当机器人听到声音后，向前行走 5s。

分析：听到声音后开始行走，就要用到声音传感器。虽然 EV3 控制器不提供配套的声音传感器，但 EV3 兼容 NXT 中的全部传感器，因此用 NXT 的声音传感器来采集声音信息。

等待声音模块如图 7-7 所示。

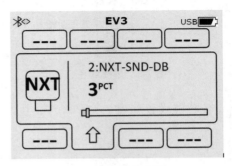

图 7-6　读取检测值

传感器设置如表 7-4 所示。参考程序如图 7-8 所示。

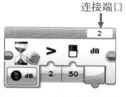

图 7-7　**等待声音模块**

表 7-4　**传感器设置**

端　口	类　别	描　述
2	声音传感器	检测声音

图 7-8　**参考程序**

【**例 7-3**】　机器人感到有人靠近,就显示笑脸并打招呼;感到触碰,就显示 Sorry。传感器设置如表 7-5 所示。参考程序如图 7-9 所示。

表 7-5　**传感器设置**

端　口	类　别	描　述	端　口	类　别	描　述
4	超声波传感器	检测物体	1	触碰传感器	检测物体

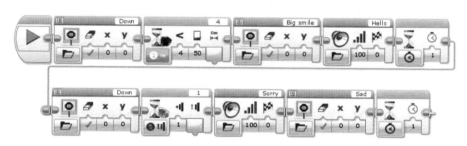

图 7-9　**参考程序**

运行程序,可以看到,当超声波传感器检测到有物体靠近时,机器人屏幕显示笑脸并发出 Hello 声音;如果触碰到触碰传感器,机器人会出现哭脸并发出 Sorry 的声音;如果先发生触碰,则无任何反应。

7.3　循环结构

从例 7-3 中可以看到,程序运行后,当传感器检测到障碍物时会发出声音,并结束程序。如果想继续检测,必须重新启动程序,这很不方便。在程序编辑中,循环结构十分重要,循环模块可以解决程序循环的问题。

通过循环模块 可以重复执行某一段指令。时间、循环次数、一个逻辑信号或者传感器的状态,都可以作为结束循环的条件。也可以设置无限循环。循环结构如表 7-6 所示。

表 7-6　循环结构

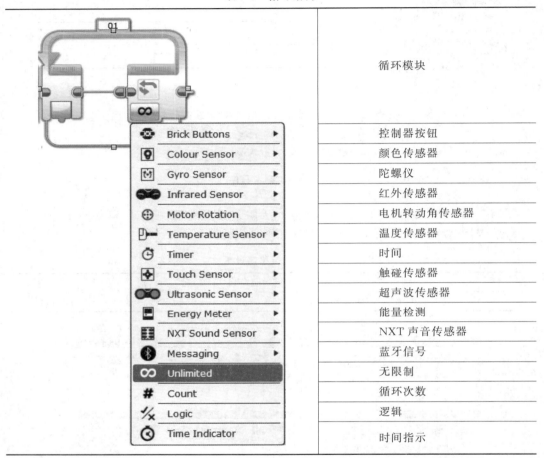

	循环模块
Brick Buttons	控制器按钮
Colour Sensor	颜色传感器
Gyro Sensor	陀螺仪
Infrared Sensor	红外传感器
Motor Rotation	电机转动角传感器
Temperature Sensor	温度传感器
Timer	时间
Touch Sensor	触碰传感器
Ultrasonic Sensor	超声波传感器
Energy Meter	能量检测
NXT Sound Sensor	NXT 声音传感器
Messaging	蓝牙信号
Unlimited	无限制
Count	循环次数
Logic	逻辑
Time Indicator	时间指示

利用循环模块将例 7-3 的程序改写为如图 7-10 所示。

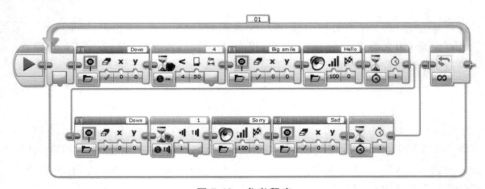

图 7-10　参考程序

与之类似,将机器人沿正方形路线行走的程序改为如图 7-11 所示。

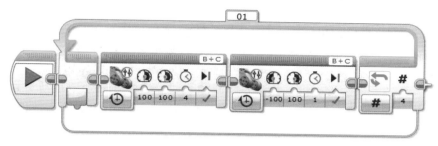

图 7-11 参考程序

【例 7-4】 让机器人在两条黑线之间来回行驶 6 次。

带有光电传感器的机器人和场地如图 7-12 所示。

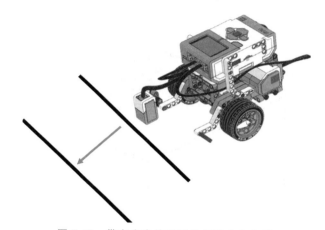

图 7-12 带有光电传感器的机器人和场地

电机与传感器设置如表 7-7 所示。参考程序如图 7-13 所示。其中,局部程序如图 7-14 所示。

表 7-7 电机与传感器设置

输入/输出端口	类 别	描 述	输入/输出端口	类 别	描 述
B	电机	左电机	3	光电传感器	检测地面光线
C	电机	右电机			

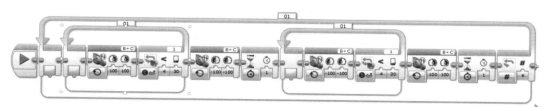

图 7-13 参考程序

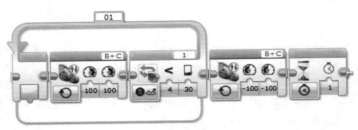

图 7-14 程序局部

模块的作用分别为循环及内部的行走模块负责前行并检测黑线,如果遇到黑线,则停止,行走及延时模块表示遇黑线后倒退 1s。其他模块的作用请同学们自己分析。

【例 7-5】 如图 7-15 所示,设计一个带有光电传感器的机器人,让它在桌面上笔直行走,到桌边停下。注意不要让机器人掉下去。

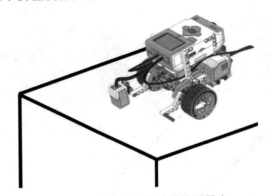

图 7-15 带有光电传感器的机器人

电机与传感器设置如表 7-8 所示。参考程序如图 7-16 所示。

表 7-8 电机与传感器设置

输入/输出端口	类 别	描 述	输入/输出端口	类 别	描 述
B	电机	左电机	3	光电传感器	检测地面光线
C	电机	右电机			

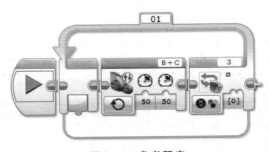

图 7-16 参考程序

【**例 7-6**】　制作一个带有触碰传感器的机器人。在行走中，当发生触碰时，机器人停止运动并后退、转弯，然后继续前进。

带有触碰传感器的机器人如图 7-17 所示。

电机与传感器设置如表 7-9 所示。参考程序如图 7-18 所示。其中，局部程序在机器人运动中检测是否发生了触碰，如图 7-19 所示。如果发生了触碰，则停止执行循环，转而执行下一条指令。

带有触碰传感器的机器人

图 7-17　**带有触碰传感器的机器人**

表 7-9　**电机与传感器设置**

输入/输出端口	类　　别	描　　述
B	电机	左电机
C	电机	右电机
1	触碰传感器	检测前方物体

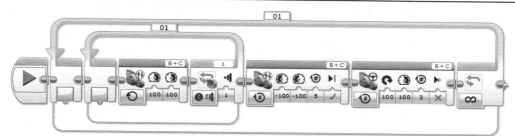

图 7-18　**参考程序**

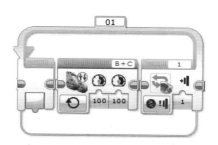

图 7-19　**程序局部**

【**例 7-7**】　利用 EV3 按钮控制机器人前进、左转、右转、后退运动。

电机与传感器设置如表 7-10 所示。参考程序如图 7-20 所示。

表 7-10　**电机与传感器设置**

输入/输出端口	类　别	描　述	输入/输出端口	类　别	描　述
B	电机	左电机	1	触碰传感器	检测前方物体
C	电机	右电机			

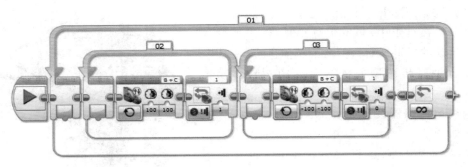

图 7-20　参考程序

其中,各子循环模块的设置如表 7-11 所示。

表 7-11　循环模块设置

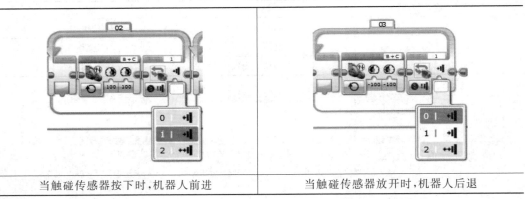

当触碰传感器按下时,机器人前进	当触碰传感器放开时,机器人后退

【例 7-8】　制作一个计数器,当按下并放开触碰传感器时,屏幕显示数加 1。传感器设置如表 7-12 所示。参考程序如图 7-21 所示。

表 7-12　传感器设置

端　口	类　别	描　述
3	触碰传感器	检测触碰

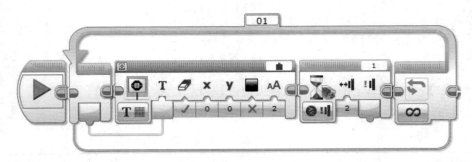

图 7-21　参考程序

这一程序没有回零功能。如果需要重新记录数据,就要重启程序,这很不方便。改进后的程序如图 7-22 所示。

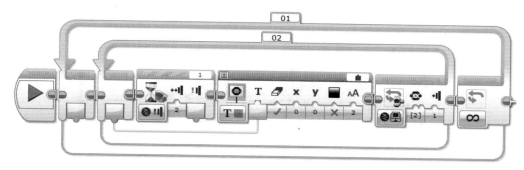

图 7-22　改进后的程序

运行该程序,发现在回零时不是十分准确,需要同时按下控制器的按钮和触碰传感器才能回零。与设想并不相符,为什么呢?

可以看到,程序运行时,如果没有触碰到触碰传感器,程序指令停留于等待模块的位置,这时如果按 EV3 的按钮,将不起作用;只有按住 EV3 的按钮的同时,通过触碰传感器将程序运行到内循环结束,才会起到回零的效果。我们将在以后针对这一问题来进一步改善。

7.4　分支模块

分支模块称为选择模块或判断模块。相当于文本编程语言中的分支结构,判断的依据可以是传感器感知的物理参量,也可以是逻辑值和接收到的数字或文字。通过该模块,可以在两种或多种不同情况间选择。

由于要连续检测,所以分支模块通常与循环结构配合使用。比如,利用光电传感器判断,当光电值大于某一值时,前进;当光电值小于某一值时,停止。参考程序如图 7-23 所示。

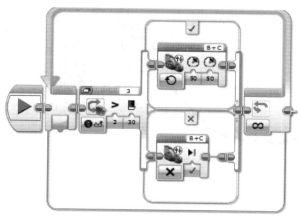

图 7-23　光电值大于某一值时机器人前进,否则停止

分支结构也可以用分页的方式表示,如图 7-24 所示。参考程序如图 7-25 所示。

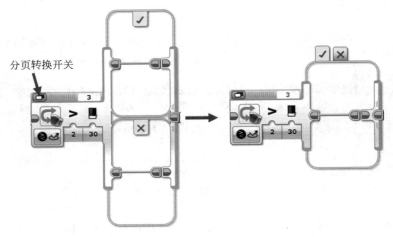

图 7-24　分支的两种表示方式

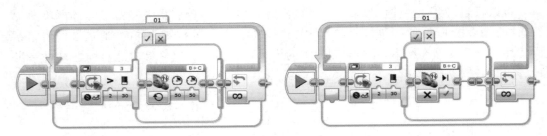

图 7-25　分页式分支程序

检测反射
光强度

【例 7-9】　设计一个带有光传感器的机器人,使机器人可以沿一条黑线行走。
制作带有光电传感器的机器人,如图 7-26 所示。

图 7-26　带有光电传感器的机器人

光电传感器应尽可能靠近地面,但又不影响机器人运行。预设的光电取值应事先实
地测量。

分析：这是一个单光电循线问题。机器人循线是一个常见的机器人比赛项目，可以通过光电传感器让机器人感知黑线的位置，以便调整左、右电机的速度，实现沿线行走。

采用以前讲过的传感器检测数值的方法，分别测量传感器在黑线上的光电值和不在黑线上的光电值，如图 7-27 和图 7-28 所示。然后，选择临界值为 $(a_1+a_2)/2$。

单光电循线

图 7-27　读黑线上的光电值 a_1

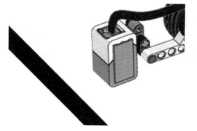

图 7-28　读地面的光电值 a_2

当光电传感器检测到的光电值较小时，说明它压在黑线上，需要左电机速度小于右电机，使机器人向左偏转，如图 7-29 所示；反之，如果检测到的光电值较大，说明光电传感器偏离黑线，需要左电机速度大于右电机，使机器人向右偏转，如图 7-30 所示。

图 7-29　检测到的光电值较小

图 7-30　检测到的光电值较大

电机及传感器设置如表 7-13 所示。参考程序如图 7-31 所示。

表 7-13　电机及传感器设置

端　口	类　别	描　述	端　口	类　别	描　述
3	光电传感器	检测光强	C	电机	左后
B	电机	右后			

双光电循线

【例 7-10】　双光电循线程序。

例 7-9 在循线中使用了一个光电传感器，同学们在实验中会发现，机器人行走的速度很慢，如何使机器人快速沿线行走呢？可以增加一个光电传感器，使机器人具有两个光电

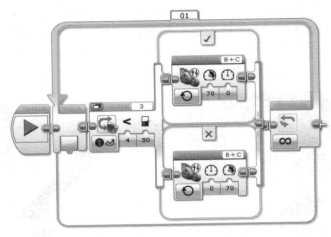

图 7-31　单光电循线程序

传感器。

分析：这时必须考虑四种可能的情况：①左光电传感器检测到黑线；②右光电传感器检测到黑线；③两个传感器同时检测到黑线；④两个传感器同时没检测到黑线。考虑到各种情形下机器人的运动状态，不要有所遗漏。编写程序后，要在不同情况下测试。图 7-32 所示为在不同情况下机器人的运动状态。

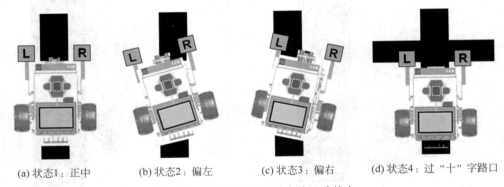

(a) 状态1：正中　　(b) 状态2：偏左　　(c) 状态3：偏右　　(d) 状态4：过"十"字路口

图 7-32　不同情况下机器人的运动状态

在机器人左前、右前分别放置一个光电传感器。当左前检测到黑线时，机器人左转；当右前检测到黑线时，机器人右转；都没有检测到黑线时，机器人直行。双光电传感器不仅可以使机器人的行进速度加快，而且可以使机器人在如交叉黑线等复杂情况下行走。

电机和传感器设置如表 7-14 所示。参考程序如图 7-33 所示。

表 7-14　电机和传感器设置

输入/输出端口	类　别	描　述	输入/输出端口	类　别	描　述
B	电机	左电机	1	光电传感器	左前光电检测
C	电机	右电机	2	光电传感器	右前光电检测

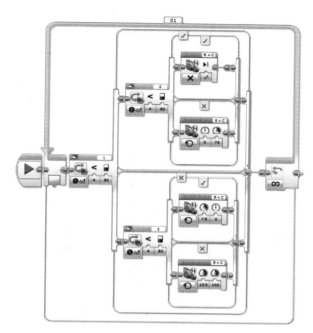

图 7-33 **参考程序**

【例 7-11】 利用 EV3 按钮控制机器人运动。

分析：因为要随时检测是否有按钮按下，所以使用一个无限循环模块，同时引入分支模块，并将分支的条件选为 Brick Buttons。

默认的分支模块为"是"或"否"两个选择，但对于 EV3 按钮来说，只用两个选择是不够的，因此这里使用多种选择，如图 7-34 所示。单击图中的"＋"按钮可以增加选择的条件。

利用 **EV3** 按钮控制机器人运动

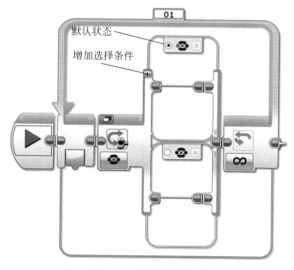

图 7-34 **增加选择条件**

电机设置如表 7-15 所示。参考程序如图 7-35 所示。默认状态为机器人停止不动。

表 7-15　电机设置

端　口	类　别	描　述	端　口	类　别	描　述
B	电机	右后	C	电机	左后

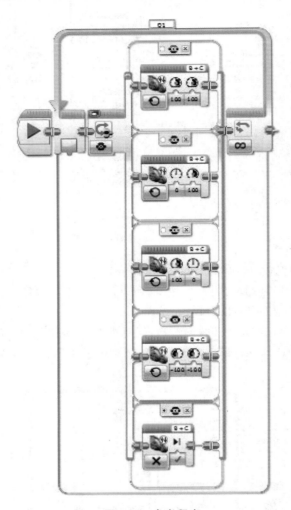

图 7-35　参考程序

【例 7-12】　利用两个触碰传感器控制机器人运动。如果按下触碰传感器 1,机器人左转;如果按下触碰传感器 2,机器人右转;如果同时按下触碰传感器 1、2,机器人直行;同时放开触碰传感器 1、2 后,机器人后退。

分析:这一问题提出了机器人四种状态与触碰传感器之间的关系,如表 7-16 所示。

只要清楚这四种状态对应的传感器关系,问题就可以解决。

电机与传感器设置如表 7-17 所示。参考程序如图 7-36 所示。

表 7-16　**机器人状态与传感器的关系**

机器人运动状态	左触碰传感器	右触碰传感器	说　明
			左传感器按下,右传感器放开
			右传感器按下,左传感器放开
			左、右传感器同时按下
			左、右传感器同时放开

表 7-17　**电机与传感器设置**

输入/输出端口	类　别	描　述	输入/输出端口	类　别	描　述
B	电机	右后	1	触碰传感器	控制机器人运动
C	电机	左后	2	触碰传感器	控制机器人运动

【例 7-13】　迷宫如图 7-37 所示。机器人从起始点出发,到达终点,用时最少者为胜。

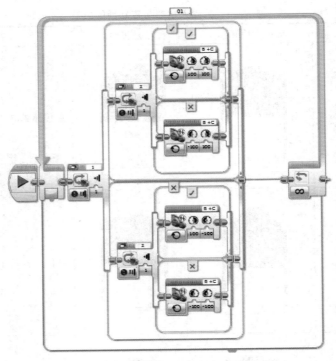

图 7-36　参考程序

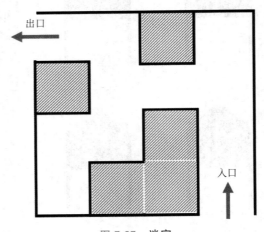

图 7-37　迷宫

　　分析：对于这样一个走迷宫的问题，可以在机器人的左方、前方各放置一个超声波传感器（也可用触碰传感器），用于检测迷宫的墙壁。

　　（1）如果左方无障碍，左转。

　　（2）如果左方有障碍，中央无障碍，直行。

　　（3）如果左方有障碍，中央有障碍，右转。

　　（4）按以上算法，沿箭头方向走出迷宫。

电机与传感器设置如表 7-18 所示。参考程序如图 7-38 和图 7-39 所示。

表 7-18　**电机与传感器设置**

端　口	类　别	描　述	端　口	类　别	描　述
B	电机	右后	1	触碰传感器	左方物体检测
C	电机	左后	2	触碰传感器	前侧物体检测

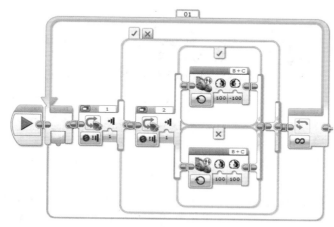

图 7-38　**参考程序**

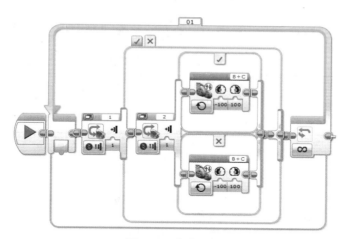

图 7-39　**参考程序**

7.5　多线程结构

多线程结构是指机器人可以同时执行多个程序,且每一个程序都独立运行,互不影响。例如,机器人在行走过程中检测是否发生了触碰。如果发生触碰,则显示某种表情;如果没有发生触碰,则显示另一种表情,但行走的程序没有受到影响。上述程序如图 7-40 所示。

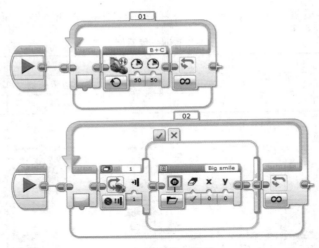

图 7-40　多线程结构

【例 7-14】　制作一个机器人。当它听到声音时,会发出声响;当它受到触碰时,启动灯光(如无灯光,可启动电机)。

分析：根据要求,机器人应时刻检测声音的强度是否达到预先设置的阈值,以及是否发生了触碰。这需要用到声音等待模块与触碰等待模块。等待的事件发生后,机器人执行相应的动作,发出声音或启动灯光。这两种事件及所引起的效果是相互独立的。因此,在程序上要考虑到多任务的特点。

电机与传感器设置如表 7-19 所示。参考程序如图 7-41 所示。

表 7-19　电机与传感器设置

端　口	类　别	描　述	端　口	类　别	描　述
B	灯光	发光	2	声音传感器	检测声音
1	触碰传感器	检测触碰			

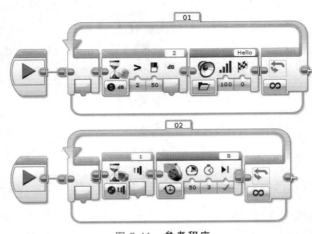

图 7-41　参考程序

7.6　终止结构

终止循环结构 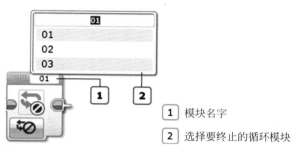 是在某个循环进行过程中,强行中止循环并转入执行其他程序指令的过程,其执行模块如图 7-42 所示。

1　模块名字

2　选择要终止的循环模块

图 7-42　终止模块及其功能

【例 7-15】　一个机器人沿正方形路线行走,原定走两圈。如果期间有障碍物与机器人触碰,机器人停止运动并执行下面的指令:在屏幕上显示笑脸,并发出声音。

分析:循环结构有多种方式来控制。其中,传感器检测的结果可作为是否继续执行循环的条件,但依靠传感器和程序结构无法中止规定了循环次数的循环。因此,必须引入终止模块。

电机与传感器设置如表 7-20 所示。参考程序如图 7-43 所示。

表 7-20　电机与传感器设置

端　口	类　别	描　述	端　口	类　别	描　述
B	电机	左后	1	触碰传感器	前方物体检测
C	电机	右后			

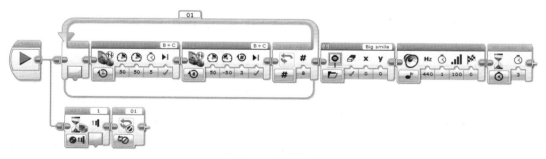

图 7-43　参考程序

【例 7-16】　重新编写程序,设计一个带有回零功能的计数器。

参考程序如图 7-44 所示。

【例 7-17】　为 EV3 机器人编写程序,要求实现状态图 7-45 所示的功能。

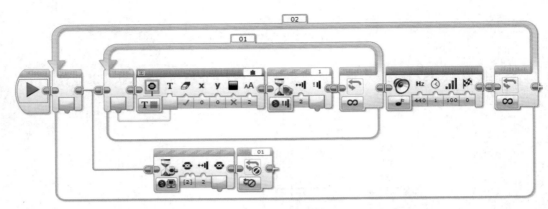

图 7-44　参考程序

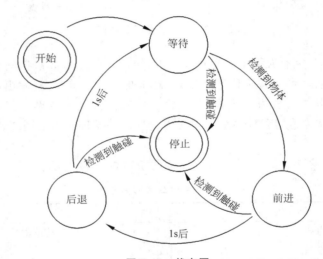

图 7-45　状态图

电机与传感器设置如表 7-21 所示。参考程序如图 7-46 所示。

表 7-21　电机与传感器设置

端　口	类　别	描　述	端　口	类　别	描　述
2	超声波传感器	检测与物体的距离	C	电机	左电机
4	触碰传感器	检测触碰	B	电机	右电机

　　分析：如图 7-15 所示，要求机器人具有两个重要的功能：一是检测到物体，前行 1s，或后退 1s，并处于等待状态；二是随时检测触碰，如果有触碰，机器人停止运动。因此，可以分成两个任务来完成。

　　【例 7-18】　编写程序，要求机器人实现状态图 7-47 所示的功能。

　　分析：本例与例 7-17 的不同是当触碰传感器被按下后，程序不会中止，而是转移到另一个状态（停止电机，并回到等待状态）。

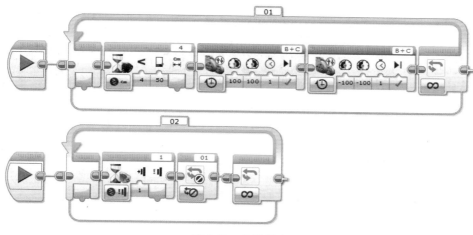

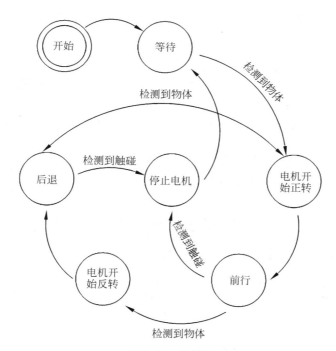

图 7-46　**参考程序**

图 7-47　**状态图**

电机与传感器设置如表 7-22 所示。参考程序如图 7-48 所示。

表 7-22　**电机与传感器设置**

输入/输出端口	类　别	描　述
2	超声波传感器	检测与物体的距离
4	触碰传感器	检测触碰
C	电机	左电机
B	电机	右电机

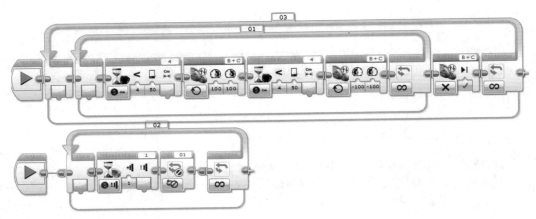

图 7-48　参考程序

自定义模块

7.7　自定义模块

　　EV3 提供了自制子程序模块的功能。子程序模块是根据编程中经常出现的一种程序结构而设置的功能模块。利用这一模块,可以很方便地在程序中多次调用事先编好的子程序,提高程序设计的准确性和简化编程过程。

　　定义子程序模块的步骤如下。先在编辑区编写子程序。如图 7-49 所示为一个音乐

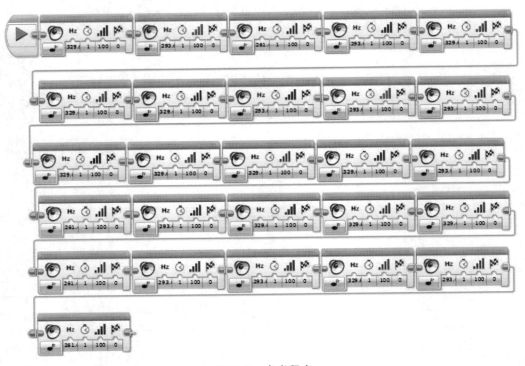

图 7-49　参考程序

播放程序（玛莉有只小羔羊），如果每次在程序中都要编写这一段，不仅十分困难，而且会影响其他程序的调试。为此，将这一段程序设置为子程序模块。将要作为子程序模块的程序段全部选中，然后选择菜单 Tools→My Block Builder，如图 7-50 和图 7-51 所示，再单击 Finish 按钮，程序变成如图 7-52 所示的形式。

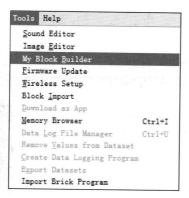

图 7-50　自制模块

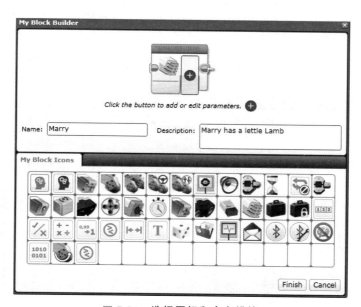

图 7-51　选择图标和命名模块

图 7-52　设置子程序模块

于是,在子程序模块中就有了 music1 模块 ,编写程序时可以使用。

如果制作的自定义模块只能在一个项目中使用,不能分享给其他项目,会很不方便。EV3 提供了一个自定义模块的输出和输入功能,使开发工作可以很便利地从其他项目中获得支持。

打开项目属性窗口,如图 7-53 所示,选择 My Block→Marry→Export,将自定义模块保存在指定位置,如图 7-54 所示。

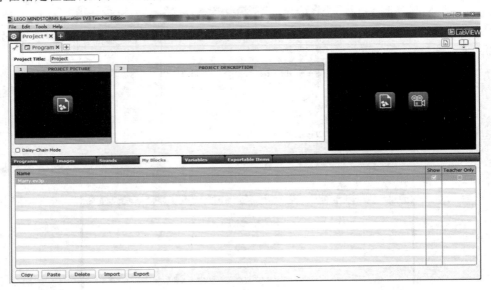

图 7-53　项目属性窗口

图 7-54　保存自定义模块

如果在其他项目中需要使用自定义模块,可在其项目属性自定义模块中选择 Import。

7.8 实践与思考

机器人比赛场地如图 7-55 所示。设计一个机器人并编写程序,使机器人从 A 点出发到 B 点,沿线行至 C 点,中途要避免碰撞障碍物,经 C 点至终点 D。

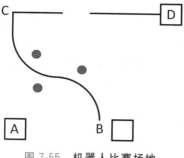

图 7-55 机器人比赛场地

第8章 传感器模块的应用

机器人中的所有传感器都可视为输入系统,其功能是接收信息并提供给 EV3 控制器进行处理。软件中的传感器模块包括 EV3 控制器按钮、颜色传感器、陀螺仪、红外传感器、转动角度传感器、温度传感器、时间传感器、触碰传感器、超声波传感器、能量传感器和NXT 声音传感器等几部分,如图 8-1 所示。

图 8-1　传感器模块

8.1　EV3 控制器按钮

EV3 控制器按钮模块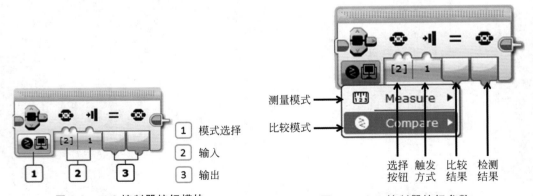可以检测 EV3 按钮是否按下,并将是否按下或按钮的 ID号输出。按钮 ID 为数字量,按键状态为逻辑量,如图 8-2 和图 8-3 所示。

| ① 模式选择 |
| ② 输入 |
| ③ 输出 |

图 8-2　EV3 控制器按钮模块

测量模式 → Measure ▶
比较模式 → Compare ▶

选择　触发　比较　检测
按钮　方式　结果　结果

图 8-3　EV3 控制器按钮参数

EV3 传感器模块提供两个选择模式,即测量模式和比较模式。在比较模式中有两个输出端口,可以在比较的同时输出测量值。

【例 8-1】 制作一个秒表。当按下 EV3 按钮时,时间回零;当松开 EV3 按钮时,开始计时。

分析：计时需要使用时间传感器模块。EV3 中提供了 8 个 ID 的时间模块，可以同时为 8 个时间进程提供计时功能。本例中，因为时间模块输出的时间以 ms（毫秒）为单位，因此使用 Round 模块  获得一个整数，设置如图 8-4 所示。

在内循环结构中设置循环结束的条件为按下 EV3 按钮。这样，每当按下 EV3 按钮时，内循环就会结束，时间都会回零。

参考程序如图 8-5 所示。

图 8-4 Round 模块

【例 8-2】 利用 EV3 按钮输入闹钟时间。当时间到时，机器人发出声音；按下 EV3 按钮，闹铃声停止。

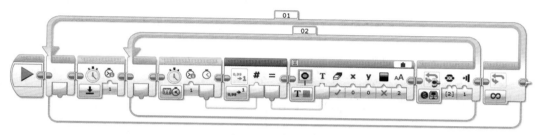

图 8-5 **参考程序**

分析：这个问题分解为输入时间、计时、发出声音、中止声音 4 个过程，参考程序如下。

（1）输入时间：将按钮数值转为时间存入变量，并显示在屏幕上，如图 8-6 所示。

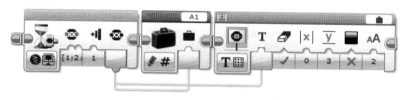

图 8-6 **程序局部**

（2）闹钟时间：用一个每秒钟运行一次的循环来计时，如图 8-7 所示。其中，用于显示的数值等于循环次数加 1，因为第一个循环时，循环值为 0。

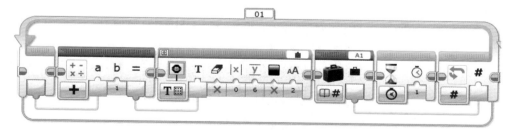

图 8-7 **程序局部**

（3）循环结束时发出声音。为了让声音持续不断，使用一个循环，如图 8-8 所示。

（4）为了让循环停止，需要用到中止模块，如图 8-9 所示。

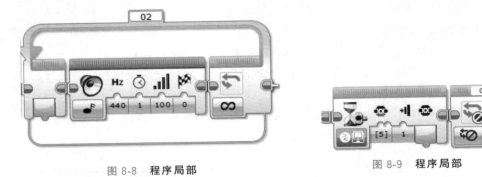

图 8-8　程序局部　　　　　　　　　　图 8-9　程序局部

完整的程序如图 8-10 所示。

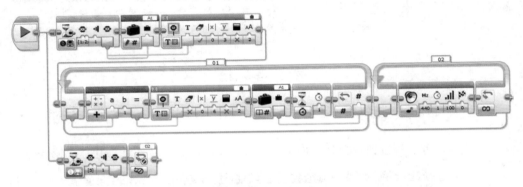

图 8-10　完整的程序

检测颜色

8.2　颜色传感器模块

颜色传感器模块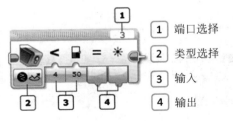可以从颜色传感器获得测量的数据，并通过这一模块测量光的颜色和强度；也可以比较输入的数据，输出一个逻辑值，如图 8-11 和图 8-12 所示。

1	端口选择
2	类型选择
3	输入
4	输出

图 8-11　光电传感器模块与功能

测量模式的功能如表 8-1 所示。

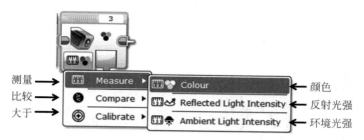

图 8-12　选择模式与功能

表 8-1　测量模式的功能

图　　示	说　　明
	如果选择测量颜色(Colour)，模块会输出相应的颜色数值。其中，数值对应的颜色为：0—无颜色；1—黑色；2—蓝色；3—绿色；4—黄色；5—红色；6—白色；7—棕色
	测量反射光强模式，可以测量光电传感器发出的光线经反射后的强度
	测量环境光模式，可以使用光电传感器测量周围的环境光

光电传感器测量功能如表 8-2 所示。

表 8-2　光电传感器测量功能

图　　示	说　　明
样本颜色　比较结果　被测颜色	可以在比较颜色模块中设置需要比较的颜色。如果检测到的颜色与样本颜色相同，输出"真"；反之，输出"假"。同时，可以输出被测物体的颜色
反射光模式　比较方式　临界值　比较结果　光强值 0 ＝ 1 ≠ 2 ＞ 3 ≥ 4 ＜ 5 ≤	反射光比较模式中可以检测、比较光电传感器发射光经反射后的数值，以及与临界值的比较结果："真"或"假"

续表

图 示	说 明
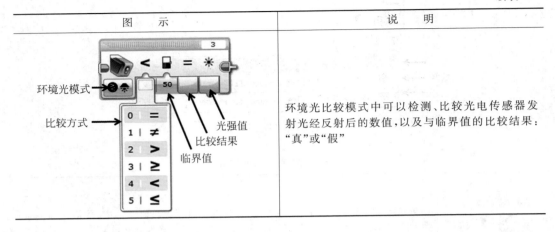	环境光比较模式中可以检测、比较光电传感器发射光经反射后的数值,以及与临界值的比较结果:"真"或"假"

校正与重置如图 8-13 所示。

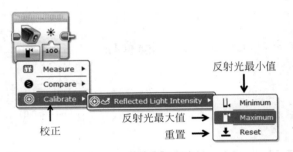

图 8-13 **校正与重置**

【**例 8-3**】 使用颜色传感器,将机器人用于检测不同物体的颜色。

传感器设置如表 8-3 所示。参考程序如图 8-14 所示。

表 8-3 **传感器设置**

端 口	类 别	描 述
3	光电传感器	检测颜色

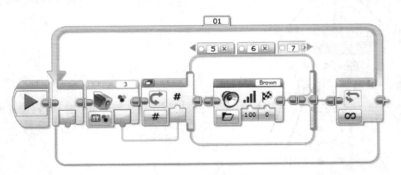

图 8-14 **参考程序**

其中,分支模块设置如表 8-4 所示。

表 8-4　分支模块设置

传感器 检测值	分　支　设　置	传感器 检测值	分　支　设　置
0	◄ 7 × · 0 × +	4	◄ 4 × 5 × ► Yellow 100 0
1	1 × 2 × 3 ► Black 100 0	5	◄ 4 × 5 × ► Red 100 0
2	1 × 2 × 3 ► Blue 100 0	6	5 × 6 × 7 ► White 100 0
3	2 × 3 × 4 × Green 100 0	7	× 6 × 7 × · Brown 100 0

8.3　陀螺仪传感器

陀螺仪传感器模块 ▣ 可以测量机器人转动的角度和角速度,并输出测量值,或者与设定值比较,并输出结果,如图 8-15 和图 8-16 所示。

陀螺仪传感器只能检测单个旋转轴的运动,旋转方向通过传感器外壳上的箭头指示。

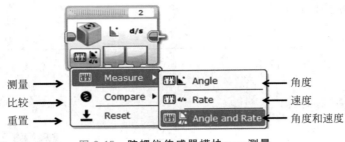

图 8-15　陀螺仪传感器模块——测量

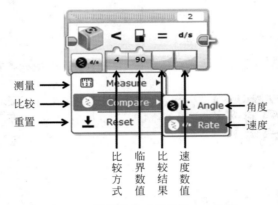

图 8-16　陀螺仪传感器模块——比较

使用前,确保按正确方向将传感器安装到机器人上,以便按所需方向测量旋转。角度和速率可以为正数或负数,顺时针旋转为正,逆时针旋转为负。传感器测量的角度可能随时间而偏移,越来越不准确。为了获得最佳结果,使用前应将传感器模块重置。

【例 8-4】　使机器人旋转到指定角度后停止。

电机设置如表 8-5 所示。参考程序如图 8-17 所示。

表 8-5　电机设置

端　口	类　别	描　述	端　口	类　别	描　述
C	电机	左电机	B	电机	右电机

图 8-17　参考程序

此程序的运行结果因传感器安装位置的不同而不同。为了使机器人转动尽可能精确,将传感器安装在机器人的转动中心。

【例 8-5】 在 EV3 屏幕上显示陀螺仪传感器测量的旋转角速度。

参考程序如图 8-18 所示。

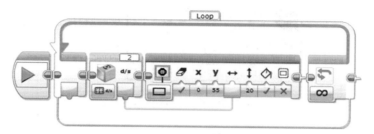

图 8-18 **参考程序**

【例 8-6】 在机器人屏幕上显示小车的运动角速度。

电机设置如表 8-6 所示。参考程序如图 8-19 所示。

表 8-6 **电机设置**

端 口	类 别	描 述	端 口	类 别	描 述
C	电机	左电机	B	电机	右电机

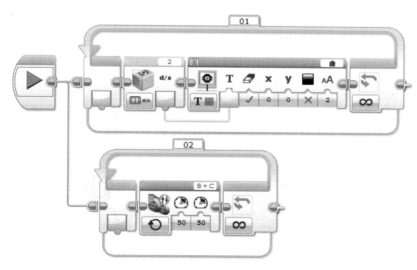

图 8-19 **参考程序**

8.4 红外传感器

红外传感器模块从红外传感器获取数据。可以在近程、信标和远程模式中测量传感器数据，并获取数字输出；还可以将传感器数据与输入值进行比较，获取逻辑（"真"或"假"）输出，如图 8-20 所示。

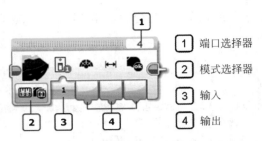

图 8-20　红外传感器模块

1	端口选择器
2	模式选择器
3	输入
4	输出

使用模块顶部的端口选择器,可确保传感器端口号(1、2、3 或 4)与红外传感器连接的 EV3 控制器上的端口匹配。

使用模式选择器为模块选择模式。可用输入和输出因模式而异。

1. 测量的三种模式

1) 测量-近程

测量-近程模式在近程模式中使用红外传感器。类似超声波传感器,可以测量距离,测量范围为 0～70cm。因为是红外光测距,会受到阳光等因素的干扰。

2) 测量-信标

测量-信标模式(见图 8-21)在信标模式中使用红外传感器,将频道设置为要检测的信标频道。信标接近程度在近程中输出,信标标头在标头中输出。

如果检测到信标,则已检测输出为"真";如果未检测到信标,则已检测输出为"假"。近程为"100",标头为"0"。

3) 测量-远程

测量-远程模式(见图 8-22)在远程模式中使用红外传感器,将频道设置为 IR 信标使用的频道。当前按压的按钮或组合按钮的 ID 在"按钮 ID"中输出。

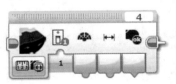

图 8-21　信标模式

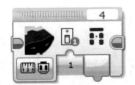

图 8-22　远程模式

2. 比较模式

比较-近程、比较-信标标头和比较-信标近程模式使用所选比较类型,将传感器数据与阈值进行比较,输出结果为"真"或"假"。传感器数据以所选数据类型输出。比较模式如图 8-23 所示。

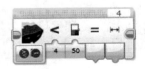 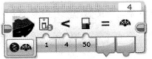 

图 8-23　比较模式

比较-远程模式（见图 8-24）在远程模式中使用红外传感器。可以在远程按钮 ID 集合中选择一个或多个按钮 ID 值。如果当前在 IR 信标上按压了所选按钮中的任何一个，比较结果将为"真"。输出的将是当前按压的按钮或组合按钮的 ID。

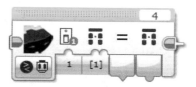

图 8-24　远程比较模式

3. 输入与输出

红外传感器模块的输入取决于所选模式。可以将输入值直接输入到模块中，或者通过数据线从其他编程模块的输出提取输入值，如表 8-7 所示。

表 8-7　输入量的类型

输　　入	类　型	允许的值	备　　注
频道	数字	1～4	IR 信标上要检测的频道
比较类型	数字	0～5	0：＝（等于） 1：≠（不等于） 2：＞（大于） 3：≥（大于或等于） 4：＜（小于） 5：≤（小于或等于）
阈值	数字	任何数字	将传感器数据与之比较的值
远程按钮 ID 集合	数字排列	每个元素 0～11	要测试的按钮 ID。请参见使用红外传感器远程模式

输出取决于所选模式。要使用某个输出，请使用数据线将该输出连接到另一个编程模块。输出量的类型如表 8-8 所示。

表 8-8　输出量的类型

输　　出	类型	值	备　　注
近程	数字	0～100	信标与物体的接近程度。"0"表示非常接近，"100"表示遥远。如果完全未检测到信标或物体，则"近程"为"100"
已检测	逻辑	"真"或"假"	如果检测到信标，则为"真"
标头	数字	−25～25	信标标头。"0"表示信标位于传感器正前方，负值表示位于左侧，正值表示位于右侧
按钮 ID	数字	0～11	标识在 IR 信标上按压的按钮或按钮组合。请参见使用红外传感器远程模式的情况
比较结果	逻辑	"真"或"假"	比较模式的"真""假"结果

【例 8-7】　设置带有红外传感器的机器人，用遥控方式控制其运动。

参考程序如图 8-25 所示。程序局部如表 8-9 所示。

红外传感器遥控机器人小车

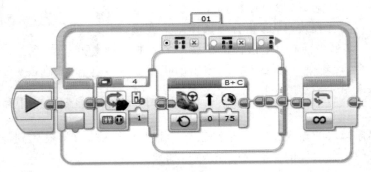

图 8-25　参考程序

表 8-9　程序局部

运动方式	图　示	运动方式	图　示
向前运动		右转弯	
向后运动		停止	
左转弯			

8.5　角度传感器

内置角度传感器模块用于计量电机所转的角度（1 圈＝360°）或者圈数。在 EV3 大型电机、中型电机以及 NXT 电机中都装有角度传感器。角度传感器模块不仅可以测量转动的角度，而且可以输出电机的能量值。

角度传感器模块与功能如图 8-26 所示。其选择模式与功能如图 8-27 所示。

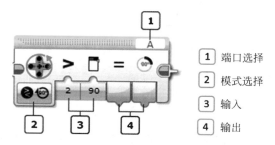

1	端口选择
2	模式选择
3	输入
4	输出

图 8-26　**角度传感器模块与功能**

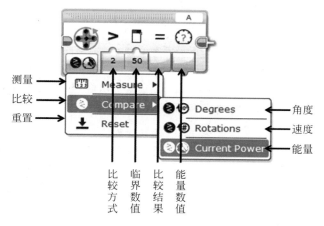

测量 → Measure
比较 → Compare → Degrees → 角度
重置 → Reset → Rotations → 速度
　　　　　　　　Current Power → 能量

比较方式　临界数值　比较结果　能量数值

图 8-27　**选择模式与功能**

【**例 8-8**】　检测转动角度。当角度大于某一数值时，发出声音。
电机设置如表 8-10 所示。参考程序如图 8-28 所示。

表 8-10　**电机设置**

端　口	类　别	描　述
B	电机	电机

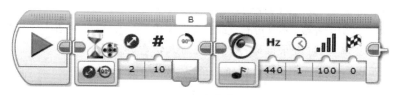

图 8-28　**参考程序**

【**例 8-9**】　通过设置转动角度作为循环条件，限制机器人运动的距离。
电机设置如表 8-11 所示。

表 8-11　电机设置

端　口	类　别	描　述	端　口	类　别	描　述
C	电机	左电机	B	电机	右电机

参考程序如图 8-29 所示。

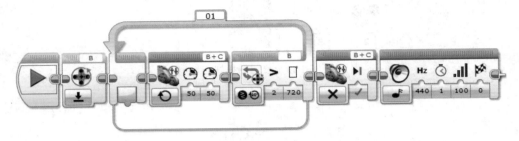

图 8-29　**参考程序**

【例 8-10】　利用机器人中的一个电机，通过转动角度，控制另一个电机的运动速度。电机设置如表 8-12 所示。参考程序如图 8-30 所示。

表 8-12　**电机设置**

端　口	类　别	描　述	端　口	类　别	描　述
C	电机	电机	B	电机	电机

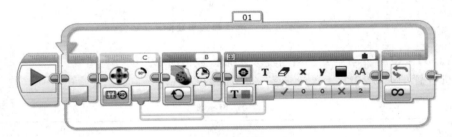

图 8-30　**参考程序**

【例 8-11】　准确转弯角度的控制。

分析：使用角度传感器，可以准确控制转动的角度。如果知道在转弯过程中两个电机所转过的角度之差，就可以很准确地控制机器人转弯的过程。

电机设置如表 8-13 所示。参考程序如图 8-31 所示。

表 8-13　**电机设置**

端　口	类　别	描　述	端　口	类　别	描　述
C	电机	左电机	B	电机	右电机

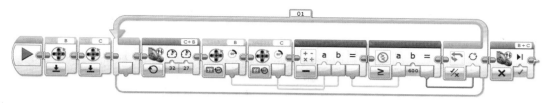

图 8-31　参考程序

8.6　温度传感器

温度传感器模块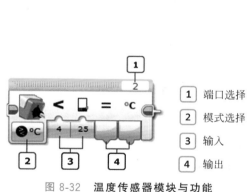可以通过温度传感器检测周围的温度及其变化情况。该模块提供两种温度测量单位：摄氏度(℃)和华氏度(℉)。

温度传感器模块与功能如图 8-32 所示，其选择模式与功能如图 8-33 所示。

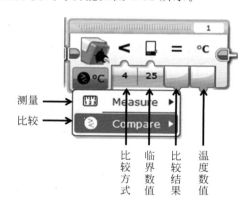

1	端口选择
2	模式选择
3	输入
4	输出

图 8-32　温度传感器模块与功能

测量 Measure
比较 Compare

比较方式　临界数值　比较结果　温度数值

图 8-33　选择模式与功能

温度传感器可以测量－20～120℃或－4～248℉的温度。华氏温度与摄氏温度的关系如下。

$$F = C \times \frac{9}{5} + 32$$

【例 8-12】　利用温度传感器控制电机的运动，实现调节温度的效果。

电机与传感器设置如表 8-14 所示。参考程序如图 8-34 所示。

表 8-14　电机与传感器设置

端　口	类　别	描　述	端　口	类　别	描　述
A	电机	电机	1	温度传感器	测量温度

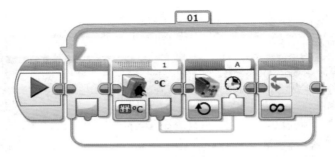

图 8-34　参考程序

8.7　触碰传感器

触碰传感器模块 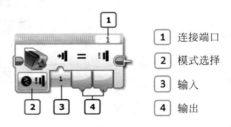 在程序中的某一部分检测触碰传感器的状态,传送所检测的状态,即逻辑信号("真"或者"假")和数值信号(1 和 0)。如果传感器被触发,逻辑信号将发送一个"真"信号,数值为 1;如果没有被触发,将发送一个"假"信号,数值为 0。

触碰传感器模块与功能如图 8-35 所示。

1	连接端口
2	模式选择
3	输入
4	输出

图 8-35　触碰传感器模块与功能

8.8　时钟传感器

对于时钟传感器模块,当程序开始执行时,EV3 内置的 8 个计时器自动开始计时。通过计时器模块,可以选择读取某一个计时器当前的值,或者将某一个计时器清零,重新计时。

通过数据线,时钟传感器模块能够将当前计时器的值,或是基于计时器大于或者小于触发值所产生的逻辑值发送给其他模块。

时钟传感器模块与功能如图 8-36 所示,其选择模式与功能如图 8-37 所示。

【例 8-13】　利用两个触碰传感器作为输入信号,在屏幕上显示两个输入时间的间隔。

传感器设置如表 8-15 所示。参考程序如图 8-38 所示。

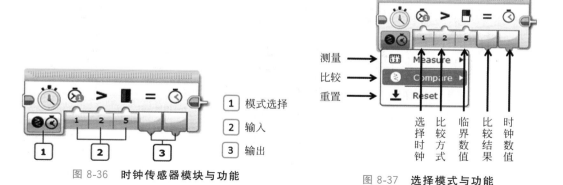

图 8-36　**时钟传感器模块与功能**

1　模式选择

2　输入

3　输出

测量 ← Measure

比较 ← Compare

重置 ← Reset

选择时钟　比较方式　临界数值　比较结果　时钟数值

图 8-37　**选择模式与功能**

表 8-15　**传感器设置**

端　口	类　别	描　述	端　口	类　别	描　述
1	触碰传感器	检测触碰	2	触碰传感器	检测触碰

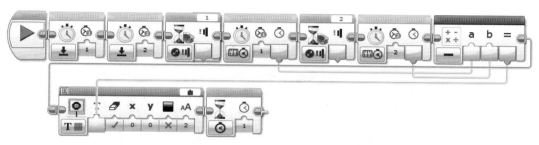

图 8-38　**参考程序**

【**例 8-14**】　测量人的反应速度。首先,屏幕上出现 Ready,持续时间随机而定。当屏幕上出现 Start 时,按下触碰传感器,EV3 将记录出现 Start 和按下触碰传感器的时间差。

传感器设置如表 8-16 所示。

表 8-16　**传感器设置**

端　口	类　别	描　述
1	触碰传感器	检测触碰

分析:该程序要求具有按随机时间等待的功能,在等待中显示 Ready。参考程序如图 8-39 所示。

如循环 01 所示,通过一个随机数确定循环个数,如图 8-40 所示。

其余部分的程序如图 8-41 所示。

这一部分程序的功能是:会出现 Start 后,等待按下触碰传感器,然后时钟 2 开始计时。通过两个时钟的计时差获得反应时间,输出到屏幕上并保持 5s。

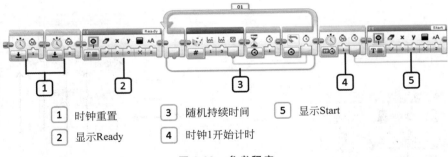

1 时钟重置	**3** 随机持续时间	**5** 显示Start
2 显示Ready	**4** 时钟1开始计时	

图 8-39　**参考程序**

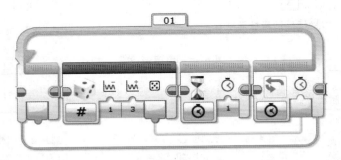

图 8-40　**随机数确定循环个数**

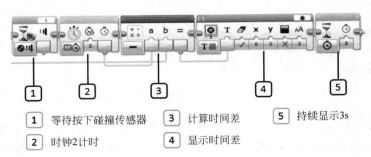

1 等待按下碰撞传感器	**3** 计算时间差	**5** 持续显示3s
2 时钟2计时	**4** 显示时间差	

图 8-41　**其余部分程序**

可以将整个程序作为一个子程序。选择程序中的所有模块，如图 8-42 所示。

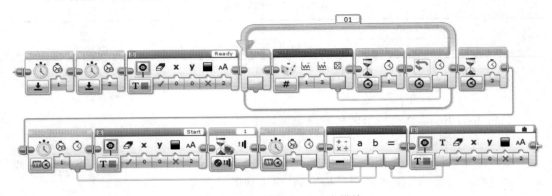

图 8-42　**选择程序中的所有模块**

子程序制作方法如前所述。制成子程序模块后，在 My Blocks 中将出现子程序模块，如图 8-43 所示。

完成后的完整程序如图 8-44 所示。

图 8-43　**子程序模块**

图 8-44　**完整的程序**

8.9　超声波传感器

超声波传感器模块 探测物体的最大范围是 250cm。它有两种测量单位：厘米和英寸。通过数据线，将模块当前读取的数值和基于超声波当前读取的数值是高于触发值还是低于触发值所产生的逻辑信号（"真"或"假"）发送给其他模块。

超声波传感器检测障碍物

超声波传感器模块与功能如图 8-45 所示，其选择模式与功能如图 8-46 所示。

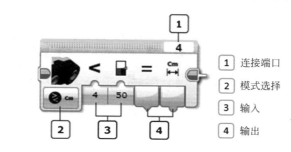

1	连接端口
2	模式选择
3	输入
4	输出

图 8-45　**超声波传感器模块与功能**

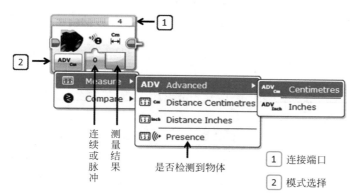

| 1 | 连接端口 |
| 2 | 模式选择 |

图 8-46　**选择模式与功能**

8.10 声音传感器

声音传感器模块 通过数据线将声音传感器采集到的当前值和声音高于触发值或者低于触发值所产生的逻辑信号（"真"或"假"）传递出来。触发值是某种条件下某个特定的值。

声音传感器模块与功能如图 8-47 所示。

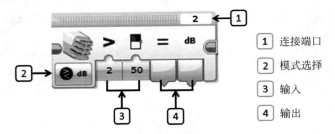

1	连接端口
2	模式选择
3	输入
4	输出

图 8-47　**声音传感器模块与功能**

【例 8-15】　通过声音传感器，将声音转变为可视的图形并显示在屏幕上。

参考程序如图 8-48 所示。

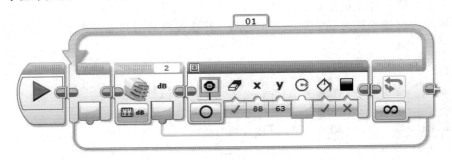

图 8-48　**参考程序**

【例 8-16】　设计一个楼梯灯光的自动控制系统。

当光线大于某一值时（白天），无论声音多大，都不会启动灯光；当光线小于某一值时（夜晚），听到声音则启动灯光。

灯光与传感器连接情况如表 8-17 所示。

表 8-17　**灯光与传感器连接情况**

端 口	类 别	描 述	端 口	类 别	描 述
3	光电传感器	检测亮度	C	灯光	灯光
2	声音传感器	检测声音			

根据题目要求，自动控制系统需要检测到四种状态，即白天的声音大、小和夜晚的声音大、小。用光电传感器检测亮度，用声音传感器检测声音，只有当黑暗并且声音大时启

动灯光。

　　在 EV3 输出模块中没有外接灯光模块,可以用电机的输出模块或屏幕灯光代替。 我们在程序中采用屏幕灯光模块。

　　参考程序如图 8-49 所示。

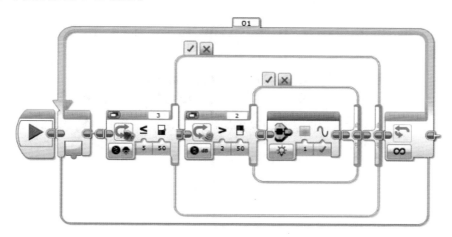

图 8-49　**参考程序**

　　只有内、外条件都为 True 时,灯光亮,表示当光线暗,同时声音大时,灯光是亮的,其他情况下灯光都是暗的。

8.11　传感器与程序结构

　　本书广泛介绍了传感器,其作用以不同模块的功能体现出来,那么,这些功能之间有什么联系? 传感器属性与程序结构之间又有什么关系? 本节将探讨这些问题。

1. 测量功能

　　以声音传感器为例,传感器的重要功能就是测量周围物理量的变化,因此传感器一定有测量的功能,如图 8-50 所示。

　　使用测量功能,可以获得周围物理参量的数值,如图 8-51 所示。

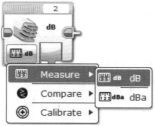

图 8-50　**测量功能**

图 8-51　**参考程序**

2. 循环功能

除无限循环和有限次循环以外,其他循环的条件都和传感器的检测值有关。传感器的检测值通常是循环是否继续的条件,如图 8-52 所示。只有当声音传感器检测值小于50dB 时,循环才继续,否则循环停止。

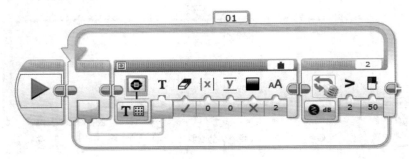

图 8-52　参考程序

3. 等待功能

结构模块中有等待模块,它被理解为等待某种信息出现,才会执行下一步指令,可以认为是以传感器所提供的检测参量作为控制的条件,如图 8-53 所示。

等待模块可以认为是一个条件循环,只有当满足该条件时,循环才结束,并进入下一步程序;如果条件始终成立,则停留在这个什么都不做的循环中"等待",如图 8-54 和图 8-55所示。这两个程序的功能是一样的。

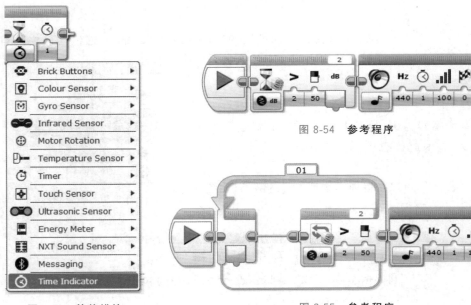

图 8-53　等待模块

图 8-54　参考程序

图 8-55　参考程序

4. 比较功能

比较是条件分支的判断依据，因此在分支模块中内置了传感器检测值的比较功能，如图 8-56 所示。

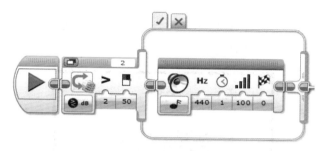

图 8-56　比较与判断

图 8-57 中几个程序的功能是一样的。

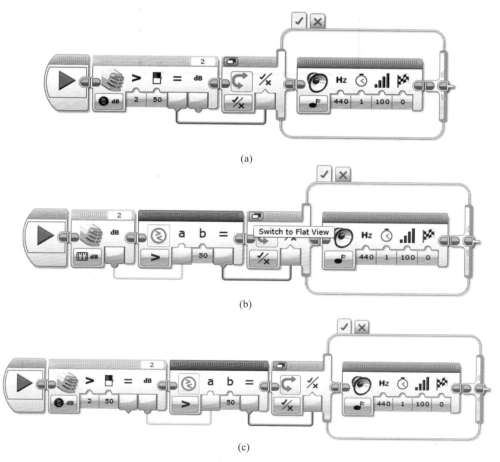

图 8-57　参考程序

8.12 实践与思考

机器人比赛场地如图 8-58 所示，其外矩形边长为 1m，内矩形边长为 0.5m，机器人小车只能在内、外矩形之间逆时针运动，不能接触内、外矩形的边线。设计机器人小车，使其能在此赛特定时间内跑最多的圈数。

图 8-58　机器人比赛场地

第9章 变量与函数运算

机器人的智慧来源于它强大的运算能力。从传感器获得信息之后,机器人就要对这些信息进行处理,并以此决定自己的行为。EV3 机器人的信息处理能力依赖于对数据运算模块的使用。数据运算模块按不同的作用分为变量、常量、数组、逻辑、运算、Round、比较、范围、文字、随机数等。下面分别介绍。

9.1 变 量

变量模块能够定义一个变量,用于存放各种数据,其他模块可以通过数据线来读取(也可以改变)当前变量值。通过数据线在程序中传递和调用这一变量,程序可以执行相关的运算。

变量是程序设计中的重要因素,任何复杂的程序都有变量参与,其重要特征——数据类型确定了该数据的类型、取值范围及所能参与的运算。变量模块及功能如图 9-1 所示。

变量模块及数据类型如图 9-2 所示。

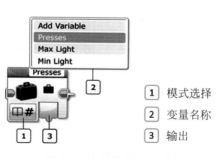

① 模式选择
② 变量名称
③ 输出

图 9-1　变量模块及功能

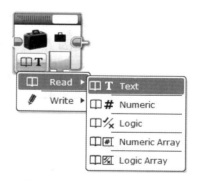

图 9-2　变量模块及数据类型

变量的数据类型有数值型、逻辑型、文本型、数组型和逻辑数组五种,如表 9-1 所示。

表 9-1　**变量的数据类型**

数 据 类 型	范　　　例	
数值型（Numeric）	3 1.25 －75 87456.3487 －0.002	
逻辑型（Logic）	True False	
文本型（Text）	Hello A This is a longer text Aa123@＃＄％－＋＝	
	数　　　组	长　　　度
数组型（Numeric Array）	[]	0
	[3]	1
	[2;3;5]	3
	[0;－0.2;845.25;5;5;5]	6
逻辑数组（Logic Array）	True False	

9.1.1　新建一个变量

变量的应用

变量模块 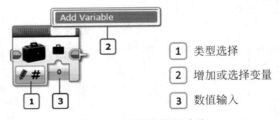 可以创建一个变量，并在以后的程序中调用。变量具有变量名，可以是只读变量或可写变量。变量模块及其功能如图 9-3 所示。

1	类型选择
2	增加或选择变量
3	数值输入

图 9-3　**变量模块及功能**

新建一个变量的操作步骤如下。

（1）在程序中调入一个变量模块，并确定其属性（"可写"或"只读"）。

（2）单击右上角的名称栏，增加一个新变量，如图 9-4 所示。

（3）输入变量名称，如图 9-5 所示。

（4）单击 Ok 按钮，建立新变量，如图 9-6 所示。

【例 9-1】　使用 EV3 机器人的按钮制作一个计数器，每按一下，屏幕上的数据加 1。

分析：首先建立一个数值变量 A1，用于存放每次计数的数值，并引入一个按钮等待

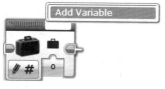

图 9-4 增加新变量

图 9-5 输入变量名称

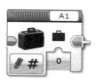

图 9-6 建立新变量

模块,如图 9-7 所示。

　　引入变量模块。其中,模块 1 为只读模块,它将运算后的变量数值重新读入,并在新的运算时输入到运算模块(模块 2)进行加 1 运算;模块 3 为写入变量,它将加 1 后的数值写入变量 A1,实现计数功能。其运算过程如图 9-8 所示。

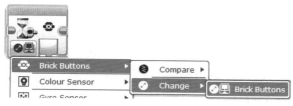

图 9-7 当按钮触碰后,执行下面的程序

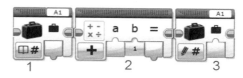

图 9-8 运算过程

　　每次程序循环都引入一个延时模块。因为如果没有延时,程序会在按钮按下的时间中循环多次。

　　将鼠标靠近变量模块的数据输出端,然后按住左键,拖动鼠标并移向屏幕显示模块,然后释放,将数据在程序中传递,如图 9-9 所示。

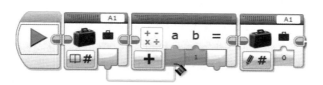

图 9-9 将数据输入屏幕显示模块

　　如果在程序运行时保持通过 USB 数据线与 EV3 连接的状态,选择"下载并运行",将鼠标靠近数据线,就可以读取程序运行中变量的值,如图 9-10 所示。

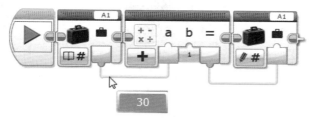

图 9-10 读取变量的值

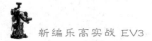

参考程序如图 9-11 和图 9-12 所示。

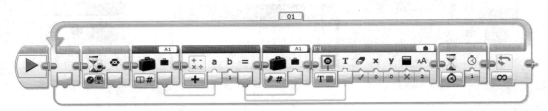

图 9-11　计数器

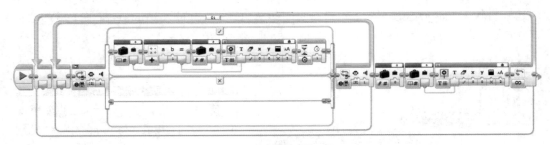

图 9-12　改进后的计数器具有回零功能

9.1.2　常量的应用

常量模块 用于输入一个常数,以便在程序中的不同地方调用。改变常量,所有用到这一常量的地方都会随之改变。

常量模块及功能如图 9-13 所示。

常量是在程序运行中保持恒定的数值。如需增加常量,在 EV3 中调入常量模块,如图 9-14 所示。

常量同样具有不同的数据类型,如图 9-15 所示。与变量相比,常量都是只读的数据。

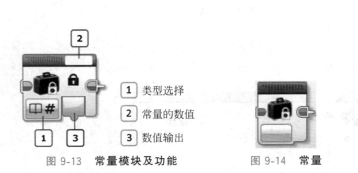

图 9-13　常量模块及功能

图 9-14　常量

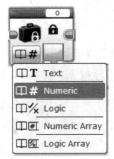

图 9-15　常量的数据类型

【例 9-2】　在屏幕上显示一个常量"3.14",显示 2s。

分析:在此程序中要用到常量模块,如图 9-16 所示。

选择常量数据类型并输入数据,如图 9-17 所示。

图 9-16　常量模块

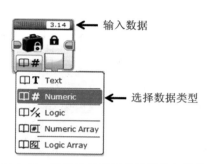

图 9-17　选择常量数据类型并输入数据

最后,在程序中加入一个延时模块,让显示内容停留在屏幕上 2s。

参考程序如图 9-18 所示。

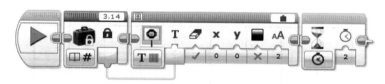

图 9-18　显示常量"3.14"并停留 2s

9.2　数据连线

在 9.1 节的案例中用到了数据线,数据线使程序中的数据在不同模块间传递。可以在一个模块的输出端引出数据线,并连接到另一模块的输入端。对于不同的数据类型,数据线不同;不同数据类型的输入端口与输出端口间,不可以用数据线连接。不同的数据线与端口如表 9-2 所示。

表 9-2　不同的数据线与端口

类　型	模块输入端	模块输出端	模块间连接数据线
Logic（逻辑）			
Numeric（数值）			
Text（文本）			
Numeric Array（数值数组）			
Logic Array（逻辑数组）			

要想正确连接数据线,在程序中,前一模块必须具有输出端,后一模块必须具有相同数据类型的输入端。可以通过一个输出端将数据传给多个输入端,如图 9-19 所示。

在程序的计算机运行模式(即用 USB 或蓝牙连接 EV3,并选择"下载并运行"模式),当鼠标靠近数据线时,将显示程序运行时的数据状态,如图 9-20 所示。

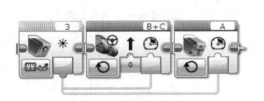

图 9-19　通过一个输出端将数据传给多个输入端

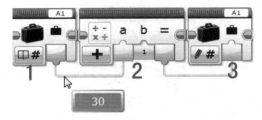

图 9-20　程序运行时的数据状态

【例 9-3】　如图 9-21 所示,要求机器人从 A 点出发,绕过 B、C、D 三点,沿蓝线到达 E 点并停止。

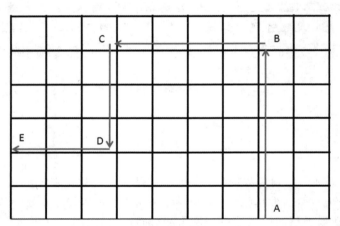

图 9-21　机器人行进路线

分析:我们现在会使用光电传感器让机器人沿线行走。为了提高行走速度,通常采用双光电的方法设计程序。这一任务的关键是要解决何时转弯的问题,为此通过记录走过黑线的数量来判断。双光电寻光的解决方法是:其中一个遇黑,则转动;两个全亮或全黑,则加速。现在只需要在双光电全黑时计数,并根据数值决定何时转弯就可以了。

电机与传感器设置如表 9-3 所示。

表 9-3　电机与传感器设置

输入/输出端口	类　别	描　述
3	光电传感器	检测黑线左侧地面光
2	光电传感器	检测黑线右侧地面光
B	电机	左电机
C	电机	右电机

自定义计数模块如图 9-22 和图 9-23 所示。

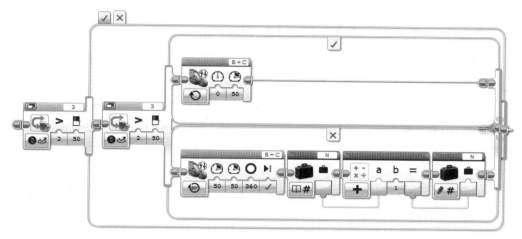

图 9-22　自定义计数模块

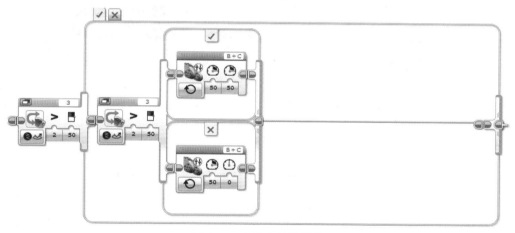

图 9-23　自定义计数模块

自定义计数模块图标如图 9-24 所示。

自定义行走和转弯模块如图 9-25 所示,其取值分别为 5、9、12、15、0。0 为默认值。

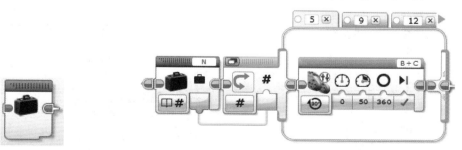

图 9-24　自定义计数模块图标　　　　　图 9-25　自定义行走和转弯模块

当取值为 5、9 时,分支中设置指令如图 9-26 所示。

当取值为 12 时,分支中设置指令如图 9-27 所示。

当取值为 15 时,分支中设置指令如图 9-28 所示。

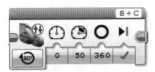

图 9-26　电机设置指令

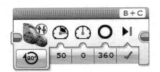

图 9-27　电机设置指令

图 9-28　分支设置指令

取值为 0 时,不设置任何模块。

自定义行走和转弯模块图标如图 9-29 所示。

参考程序如图 9-30 所示。

图 9-29　自定义行走和转弯模块图标

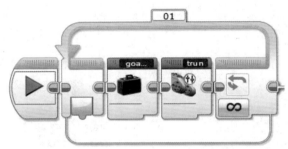

图 9-30　参考程序

9.3　运 算 模 块

运算模块 不仅提供了现成的公式,而且提供了编写公式的功能,如表 9-4 所示。常量模块及功能如图 9-31 所示。

表 9-4　运算模块

运 算 模 块	功　　能

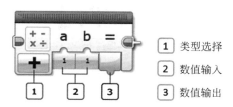

图 9-31　常量模块及功能

1　类型选择

2　数值输入

3　数值输出

【例 9-4】　将 2^5 输出显示在屏幕上。

分析：机器人目前具有很强大的运算功能。本题要求利用机器人的运算能力首先获得运算结果，然后显示在屏幕上。因此，要使用运算模块。

参考程序如图 9-32 所示。

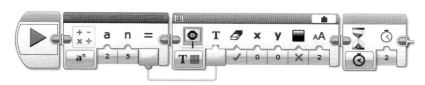

图 9-32　参考程序

【例 9-5】　在屏幕上绘制一个 X^2 曲线。

分析：EV3 的屏幕坐标默认为左上角是 $(0,0)$ 点。为了在绘图时符合数学中的习惯，将坐标原点改为 $(60,60)$，如图 9-33 所示。

于是，坐标点在新的坐标系中有如下关系：

$$X' = 60 + X$$

$$Y'' = 60 - Y$$

参考程序如图 9-34 所示。

程序设置如图 9-35～图 9-37 所示。其中，公式输入为 "$60-0.01 \times (90-a) \times (90-a)$"。

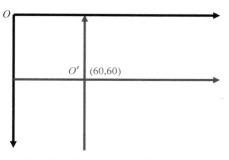

图 9-33　默认坐标系与新建坐标系

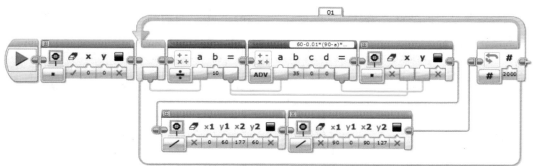

图 9-34　参考程序

图 9-35　清屏幕

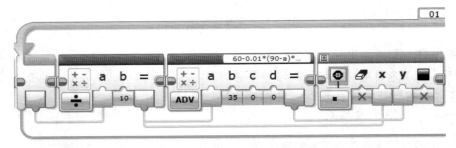

图 9-36　显示 X^2 曲线

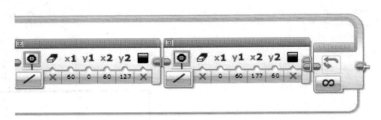

图 9-37　坐标

【例 9-6】　利用 EV3 制作一个教学课件,通过输入不同的数值,展示相应的数学函数曲线。

这一问题可以分成如下几个内容。

(1) 不同的数学函数曲线。

(2) 数字输入的程序。

(3) 菜单与提示。

先来编写不同的数学函数曲线程序。将坐标(90,65)作为新的原点,参照上述案例,完成画正弦曲线的程序,如图 9-38 所示。

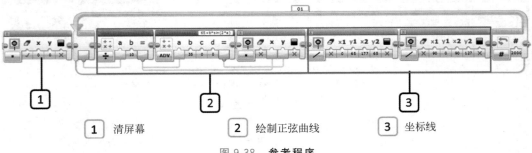

| 1 | 清屏幕 | 2 | 绘制正弦曲线 | 3 | 坐标线 |

图 9-38　参考程序

1) 各部分介绍

在图 9-38 中,各部分介绍如下。

(1) 用在原坐标点(0,0)画一个点的方法,清空屏幕,如图 9-39 所示。

图 9-39　**屏幕清空模块**

(2) 绘制正弦曲线。根据曲线的 X-Y 关系,在屏幕上打印出曲线中的每一个点,即成正弦曲线,如图 9-40 所示。

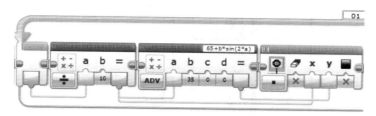

图 9-40　**参考程序**

循环 2000 次,因为 X 取值为 $0 \sim 179$,每一个 X 的单位又分成 10 份,所以循环约 2000 次可以画出全屏幕上的点。

(3) 设置新坐标系,如图 9-41 所示。

为了简便编写程序,将以上绘制正弦曲线的程序作为子程序模块正弦,如图 9-42 所示。也可以建立 COS 子程序模块,以及其他数学函数曲线的子程序模块。

图 9-41　**坐标系模块设置**

图 9-42　**SIN 子程序模块**

2) 编写数字输入程序

数字输入是指使用程序时选择所需查看的子程序曲线。可以通过输入一个数字的方式来选择指定的曲线。

数字输入最好选择三个按钮来操作,第一个用于增加数字,第二个用于减小数字,第三个用于确定选择,如图 9-43 所示。

输入数值程序中的局部程序如图 9-44 所示。按某一按钮时,数值加 1;按另一按钮时,数值减 1,如图 9-44(a)所示。

通过程序中止的方法,中止输入的循环过程,确定选择。

3) 菜单与提示程序

要在屏幕上演示函数曲线,或在选择数据时有所提示,需要制作一个屏幕显示所选项目的菜单程序。

制作一个菜单如图 9-45 所示,它在屏幕上显示的内容如图 9-46 所示。

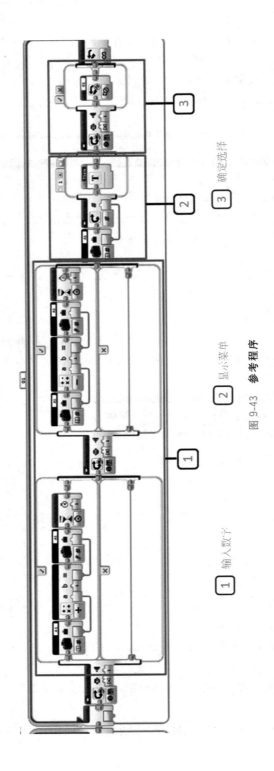

1 输入数字　　2 显示菜单　　3 确定选择

图 9-43　**参考程序**

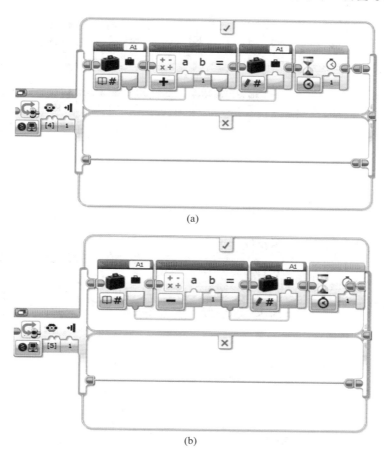

(a)

(b)

图 9-44 程序局部

图 9-45 制作一个菜单

图 9-46 屏幕显示内容

同样,当选择 SIN 和 COS 时的程序如图 9-47 所示。

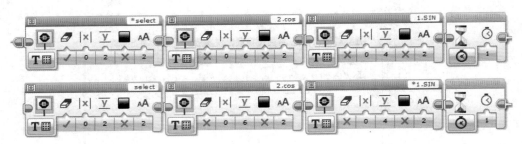

图 9-47　参考程序

屏幕显示如图 9-48 所示。

将上述三个屏幕显示程序作为子程序模块,分别为 T1、T2 和 T3,如图 9-49 所示。

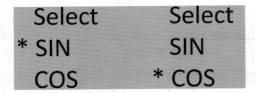

图 9-48　选择查看哪一条曲线

图 9-49　子程序模块

由输入的数值选择要显示的程序。选择与显示部分如图 9-50 所示。

选择结束后,根据输入的数值演示所选曲线,程序如图 9-51 所示。

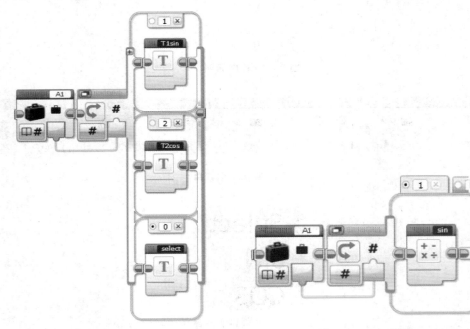

图 9-50　选择与显示程序

图 9-51　根据输入的数值演示所选曲线

完整程序如图 9-52 所示。

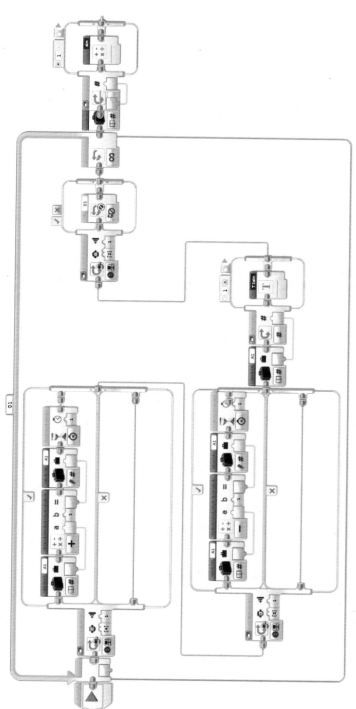

图 9-52 完整的程序

【例 9-7】 计算 $1 \sim n$ 所有数的阶乘之和，即

$$\sum_{X=1}^{n} X!$$

参考程序如图 9-53 所示。

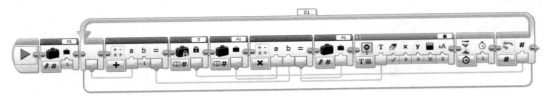

图 9-53　**参考程序**

其中，常量是 n，变量的初始值设为 1。

【例 9-8】 求序列 $1,2,3,4,5\cdots$ 前 20 项之和。参考程序如图 9-54 所示。

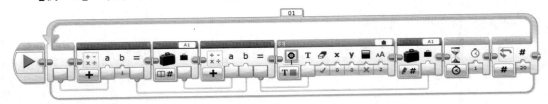

图 9-54　**参考程序**

【例 9-9】 制作一个单控开关。当按一下触碰传感器时，机器人屏幕显示笑脸；再按一下触碰传感器时，机器人屏幕显示张开的牙齿。参考程序如图 9-55 所示。

单控开关应用很广泛，结合这一程序，举一反三，将这种解决问题的思路应用到更多的研究与设计中。

【例 9-10】 利用声音控制机器人的行为。在一段时间内发出一个或几个声音，控制机器人的运动。参考程序如图 9-56 所示。

其中，部分程序如图 9-57 所示，其功能为：在 5s 内检测到几个声音，为避免将一个声音误作多个声音进行检测，在等待声音模块后加入延时，以便通过声音的不同节奏，在同一时间内输入不同的数值。为了调试方便，加入一个屏幕显示模块。

图 9-58 所示程序的功能是选择不同的数值，执行不同的指令。

【例 9-11】 带有双光电的机器人小车循线。以前在编写程序时，需要将场地上的光电值事先测量好，这很不方便。本例利用程序在 EV3 屏幕给予提示，通过将两个光电传感器放在不同位置（一个放在黑线位置，一个放在非黑线位置），自动完成测量和阈值设置。

电机与传感器设置如表 9-5 所示。

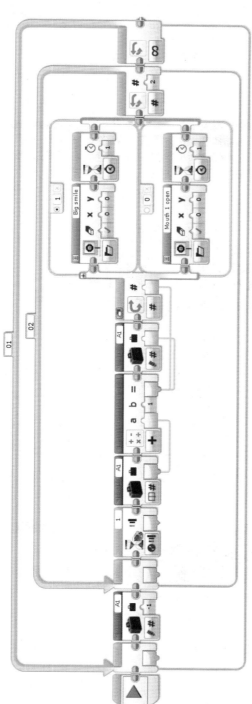

图 9-55　参考程序

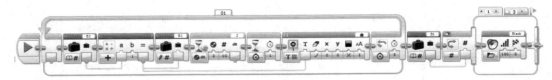

图 9-56　参考程序

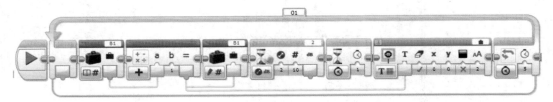

图 9-57　部分程序

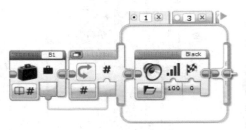

图 9-58　部分程序

表 9-5　电机与传感器设置

输入/输出端口	类　别	描　述	输入/输出端口	类　别	描　述
2	光电传感器	左光检测	B	电机	左侧
3	光电传感器	右光检测	C	电机	右侧

　　参考程序如图 9-59 所示。首先让屏幕提示将光电传感器放置在不同位置(一个放在黑线位置,一个放在非黑线位置)检测。

图 9-59　参考程序

　　为了编写程序方便,将这一部分程序生成一个子程序模块。选择图 9-60 中的所有模块,再选择 Tools→My Block Builder,如图 9-60 所示。
　　因为选择的程序有数值输出,因此需要增加输出的参量。如图 9-61 所示,单击图中 1 所指示的"＋"位置增加参量。

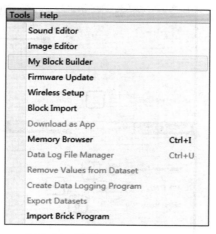

图 9-60　选择 My Block Builder

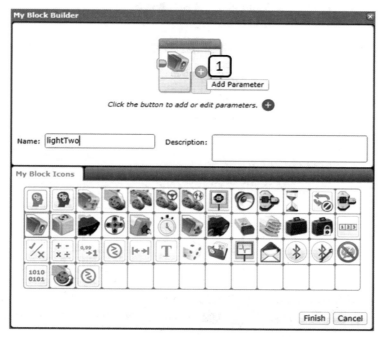

图 9-61　增加参量

　　新增加参量和参量图标后,选择参量选项,如图 9-62 所示。其中,参量图标可以在 Parameter Icons 中选择。

　　选择了参量类型的子程序模块将具有输入或输出功能。根据程序功能,我们选择"输出"(Output),完成后,在 My blocks 中出现模块 lightTwo。在程序中调用它,出现具有输出功能的模块,如图 9-63 所示。

　　建立一个以输入数据作为选择条件的程序,如图 9-64 所示。

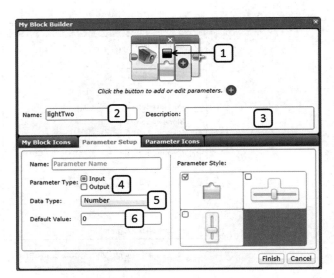

1　参量图标

2　名称

3　功能介绍

4　输出、输入类型

5　数据类型

6　默认值

图 9-62　选择参量选项

图 9-63　具有输出功能

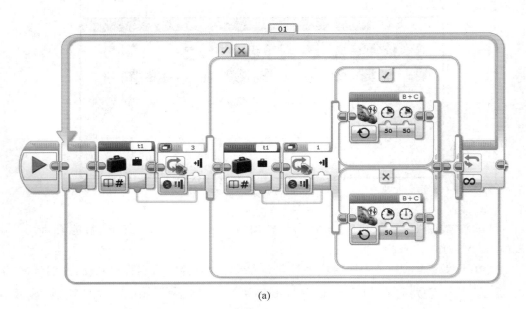

(a)

图 9-64　以输入数据为条件的程序

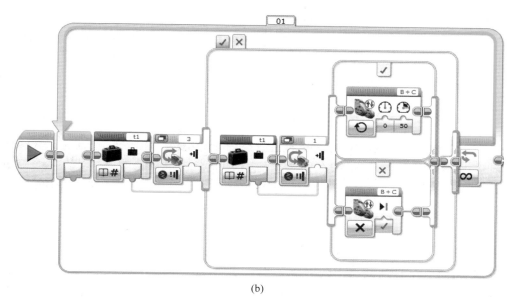

(b)

图　9-64（续）

同样，将这一部分程序也作为子程序模块，如图 9-65 所示。

完成程序如图 9-66 所示。

图 9-65　**子程序模块**

图 9-66　**参考程序**

9.4　随 机 模 块

随机模块 可以产生一个在某一范围内的随机数。随机模块设置有两种输出类型，即数值型和逻辑型，如图 9-67 和图 9-68 所示。

数值　　取值范围

图 9-67　**数值型**

逻辑　　"是"/"否"比

图 9-68　**逻辑型**

【例 9-12】 制作一个随机运动的小车。

分析：车的运动状态有几个因素：方向、能量和运动时间。将这三个因素都通过随机模块设置为随机量，小车的运动就成为随机运动。

参考程序如图 9-69 所示。

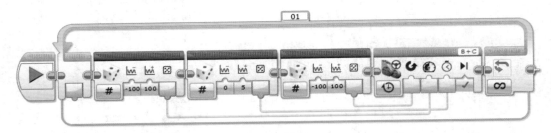

图 9-69 **参考程序**

【例 9-13】 在 EV3 屏幕上随机显示圆环。

分析：显示圆环需要确定圆环的坐标。利用随机模块产生圆环的 X 值和 Y 值，确定圆环应该出现的位置。

参考程序如图 9-70 所示。

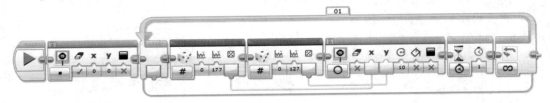

图 9-70 **参考程序**

【例 9-14】 利用随机模块编写一个程序，随机检测各端口所连接传感器的数值。

电机与传感器设置如表 9-6 所示。

表 9-6 **电机与传感器设置**

输入/输出端口	类　别	描　述	输入/输出端口	类　别	描　述
1	触碰传感器	检测触碰	3	触碰传感器	检测触碰
2	触碰传感器	检测触碰	4	触碰传感器	检测触碰

分析：EV3 中的每一个传感器可以事先设置端口，也可以在运行中由程序指定端口。以触碰传感器为例，如图 9-71 所示。

如果选择▢，可以通过程序传入一个 1~4 的数值，确定传感器的端口值。通过随机模块，产生满足要求的数值，如图 9-72 所示，则随机模块产生 1~4 的随机数值。参考程序如图 9-73 所示。

图 9-71 选择输入端口

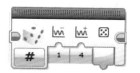

图 9-72 通过随机模块产生数值

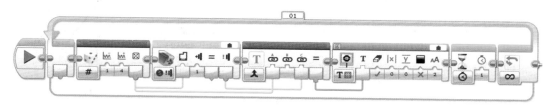

图 9-73 参考程序

9.5 数组模块

数组是有序数据的集合,数组中每一个元素都属于同一个数据类型。数组可以是一维数组,也可以是多维数组,每维数组最多可以有 $2^{31}-1$ 个元素。可以通过数组索引访问其中的每个元素。

索引的范围是 $0\sim n-1$。其中,n 是数组中元素的个数。下面是由数值构成的一维数组。注意,第一个数据的索引号为 0,第二个数据的索引号为 1,以此类推。数组的元素可以是数值,也可以是字符或逻辑,但所有元素的数据类型必须是一致的。

索引(index)	0	1	2	3	4	5	6	7
包含 8 个元素的数组	2.3	3.5	6.70	5.3	4.6	7.2	6.5	8.0

EV3 中提供了数组模块,在此模块中可以建立一维数字数组或一维逻辑数组。

数组模块及功能如图 9-74 所示,其选择模式及功能如图 9-75 所示。

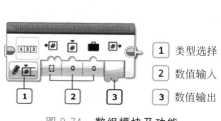

图 9-74 数组模块及功能

1	类型选择
2	数值输入
3	数值输出

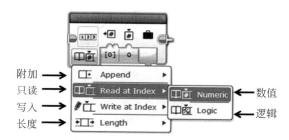

图 9-75 选择模式及功能

附加 → Append
只读 → Read at Index → Numeric ← 数值
写入 → Write at Index → Logic ← 逻辑
长度 → Length

通过数组模块,可以创建一个数组,选择数组类型是数据型或是逻辑型,并添加数组元素,读取或写入,同时可获得数组的长度。

附加模式可以在数组后增加数据,也可建立新数组。附加模式的功能(数值)如表 9-7 所示。附加模式模块如图 9-76 所示。

表 9-7　附加模式的功能(数值)

数组输入	增　加	数组输出
	3	[3]
[1;2;3]	4	[1;2;3;4]
[2;1;1;6]	1	[2;1;1;6;1]

图 9-76　附加模式模块

只读模式可以获取数组中的特定数值,其功能如表 9-8 所示。

表 9-8　只读模式功能

数组输入	Index	数　值	数组输入	Index	数　值
[1;2;3]	0	1	[1;2;3]	2	3

只读数组模块如图 9-77 所示。写入数组模块的功能如表 9-9 所示。

表 9-9　写入数组模块功能

数组输入	Index	数　值	数组输出
[1;2;3]	0	5	[5;2;3]
[1;2;3]	2	0	[1;2;0]

写入数组模块如图 9-78 所示。

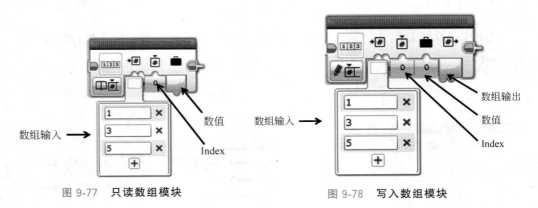

图 9-77　只读数组模块

图 9-78　写入数组模块

数组长度模块可以获得数组的长度，其功能如图 9-79 所示。数组模块输入类型如表 9-10 所示。

表 9-10　**数组模块输入类型**

输　　入	类　　型	标　　注
数组输入	数据数组、逻辑数组	数组操作
数值	数值、逻辑	附加模式中添加数据，改变数据并写入
Index	数值	在数组中对数值进行定位 0＝第一个元素 1＝第二个元素 Length－1＝最后一个元素

【**例 9-15**】　有一个数组如图 9-80 所示，希望在 EV3 屏幕上显示每一个数据。

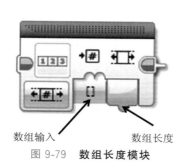

图 9-79　**数组长度模块**

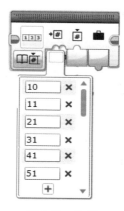

图 9-80　**数组**

参考程序如图 9-81 所示。

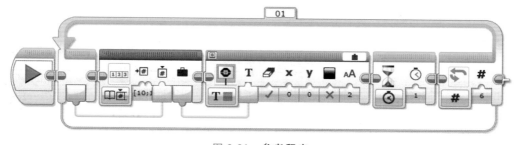

图 9-81　**参考程序**

9.6　逻辑模块

逻辑模块可以对输入量进行逻辑操作并输出结果。逻辑模块与功能如图 9-82 所示。逻辑模块输入、输出对照关系如表 9-11 所示。

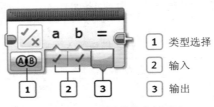

图 9-82　**逻辑模块与功能**

表 9-11　**逻辑模块输入、输出对照关系**

模　式	输入数值	结　果		
		A（输入）	B（输入）	输出
AND	A，B	T	T	T
		T	F	F
		F	T	F
		F	F	F
OR	A，B	T	T	T
		T	F	T
		F	T	T
		F	F	F
XOR	A，B	T	T	F
		T	F	T
		F	T	T
		F	F	F
NOT	A	T		F
		F		T

【例 9-16】　设计一个监控系统，当 4 个触碰传感器同时触碰时（模拟门窗同时关闭），显示笑脸，否则显示牙齿。

传感器设置如表 9-12 所示。

表 9-12　**传感器设置**

输入/输出端口	类　别	描　述	输入/输出端口	类　别	描　述
1	触碰传感器	检测触碰	3	触碰传感器	检测触碰
2	触碰传感器	检测触碰	4	触碰传感器	检测触碰

参考程序如图 9-83 所示。其中，程序局部如图 9-84 所示。

只有在 4 个触碰传感器全部处于触碰状态时，才会输出 True，否则输出 False。

【例 9-17】　机器人小车在行走时检测颜色与是否发生了触碰。如果检测到黑色或发生了触碰，机器人会发出声音并停止运动。

参考程序如图 9-85 所示。

其中，逻辑模块的作用是当发生触碰或检测到黑线时，输出 True，并停止循环，如图 9-86 所示。

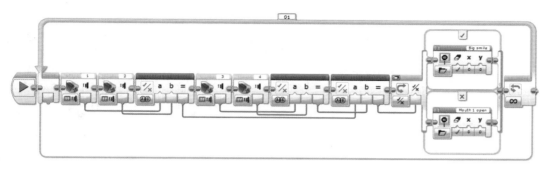

图 9-83　**参考程序**

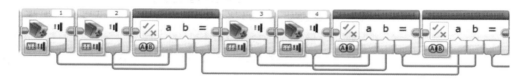

图 9-84　**程序局部**

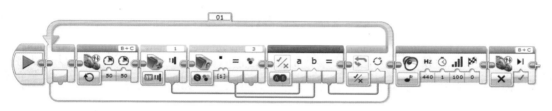

图 9-85　**参考程序**

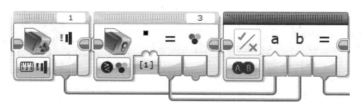

图 9-86　**逻辑模块的作用**

【**例 9-18**】　对于两个触碰传感器,当状态一样时,屏幕显示两个相同的图形;当状态不一样时,异常显示两个不同的图形。

分析:判断两个状态是否相同,要用到逻辑中的 XOR 关系。当两个状态相同时,逻辑关系输出 False;如果状态不同,输出 True。

参考程序如图 9-87 所示。其中,程序局部如图 9-88 所示。

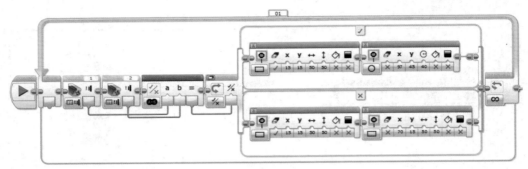

图 9-87　参考程序

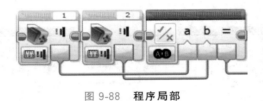

图 9-88　程序局部

9.7　近 似 模 块

近似(Round)模块 是将一个小数根据所选模式的不同,用不同的近似方法变为整数。Round 模块与功能如图 9-89 所示,其选择模式及功能如图 9-90 所示。

1 类型选择
2 输入
3 输出

图 9-89　Round 模块与功能

近似→ To Nearest
向上近似→ Round Up
向下近似→ Round Down
截取→ Truncate

图 9-90　选择模式及功能

对于图 9-90 中所示功能,近似、向上近似和向下近似如表 9-13 所示,截取运算如表 9-14 所示。

表 9-13　近似、向上近似和向下近似

输入	近似值	向上近似	向下近似
1.2	1	2	1
1.5	2	2	1
1.7	2	2	1
2.0	2	2	2
2.1	2	3	2

表 9-14 **截取运算**

输入	小数数值	输出	输入	小数数值	输出
1.253	0	1	1.253	2	1.25
1.253	1	1.2	1.253	6	1.253

9.8 比较模块

比较模块能够决定一个数是大于、小于,还是等于另外一个数。输入的数值可以事先键入,或者通过数据线动态定义。比较模块功能如图 9-91 所示,其选择模式与功能如图 9-92 所示。

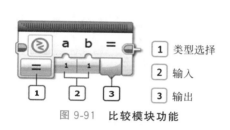

1	类型选择
2	输入
3	输出

图 9-91 **比较模块功能**

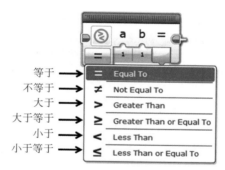

图 9-92 **选择模式与功能**

比较模式的功能如表 9-15 所示。

表 9-15 **比较模式的功能**

模　　式	输入数值	输　　出
= 等于	A、B	如果 A 等于 B,输出 True;否则,输出 False
≠ 不等于	A、B	如果 A 不等于 B,输出 True;否则,输出 False
> 大于	A、B	如果 A 大于 B,输出 True;否则,输出 False
< 小于	A、B	如果 A 小于 B,输出 True;否则,输出 False
≥ 大于等于	A、B	如果 A 大于等于 B,输出 True;否则,输出 False
≤ 小于等于	A、B	如果 A 小于等于 B,输出 True;否则,输出 False

【例 9-19】 现有一个双光电传感器的机器人,希望它能自动寻找光的方向,并向光强大的地方运动。请设计程序。

电机与传感器设置如表 9-16 所示。

表 9-16　电机与传感器设置

输入/输出端口	类　别	描　述	输入/输出端口	类　别	描　述
3	光电传感器	检测左侧亮度	B	电机	左电机
4	光电传感器	检测右侧亮度	C	电机	右电机

参考程序如图 9-93 所示。

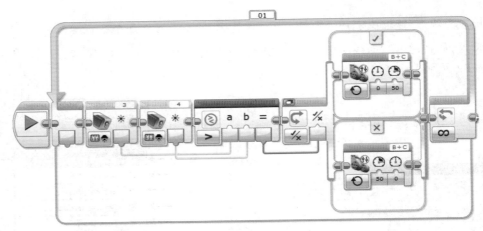

图 9-93　**参考程序**

9.9　范　围　模　块

范围模块 ![] 是判断一个数在一定数值范围之内还是范围之外。结果逻辑（"真"/"假"）信号通过数据线传递出去。范围模块与功能如图 9-94 所示。

在这一模块中，事先确定范围的上、下限，并判断输入的数值是否在这一范围之内，如图 9-95 所示。

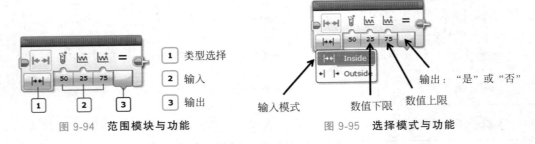

1　类型选择	输入模式
2　输入	数值下限　数值上限
3　输出	输出："是"或"否"

图 9-94　**范围模块与功能**　　　图 9-95　**选择模式与功能**

【例 9-20】　设计一个会自动跟踪的机器人。当听到声音或检测到物体时，前进；否则，停止。

电机与传感器设置如表 9-17 所示。

表 9-17　**电机与传感器设置**

输入/输出端口	类　别	描　述	输入/输出端口	类　别	描　述
3	超声波传感器	检测前方物体	B	电机	左电机
4	声音传感器	检测声音	C	电机	右电机

分析：因为有两个条件可以确定是否让机器人前进,这两个条件之间是逻辑"或"的关系,因此,在使用范围模块的同时使用逻辑模块,只要满足其中一个条件,就可以启动电机;否则,机器人保持停止状态。

参考程序如图 9-96 所示。

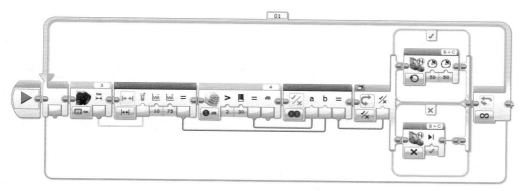

图 9-96　**参考程序**

其中,如图 9-97 所示的程序表示当两个条件(听到声音、检测到物体)中的任一个条件成立时,都会输出 True,从而在条件结构中启动机器人运动。

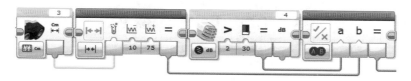

图 9-97　**程序局部**

9.10　文本模块

文本模块的功能是将不同的文本合并在一起,按照一定的顺序组成一个新的文本输出。文本模块的选择类型和功能如图 9-98 所示。

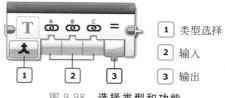

① 类型选择　② 输入　③ 输出

图 9-98　**选择类型和功能**

文本模块功能如表 9-18 所示。

表 9-18　文本模块功能

输　入	A	B	C	输　出
类型	文本	文本	文本	ABC

【例 9-21】　EV3 连接 4 个传感器。当只有 1 个传感器发生触碰时,在 EV3 屏幕上显示的是哪个端口连接的传感器发生触碰;如果没有传感器发生触碰,或不止 1 个传感器发生触碰,就会显示 NOT ONE。

传感器设置如表 9-19 所示。

表 9-19　传感器设置

输入/输出端口	类　别	描　述	输入/输出端口	类　别	描　述
1	触碰传感器	检测触碰	3	触碰传感器	检测触碰
2	触碰传感器	检测触碰	4	触碰传感器	检测触碰

分析:检测只有 1 个传感器发生触碰的情况。将所有传感器的状态输出值相加,如果和为 1,则满足条件;其他值可能为 0、2、3、4,都不是只有 1 个传感器发生触碰的情况。因此,通过检测这 4 个数相加之和,结合条件结构进行判断。如果不等于 1,显示 No touch,同时将每一个传感器的输出值存入一个文本变量。当满足条件时,利用文本模块在屏幕上同时显示各个变量,可以看到哪一个传感器发生了触碰。

参考程序如图 9-99 所示。将每一个触碰传感器的状态值("0"或"1")存入一个文本变量(A1~A4),同时将 4 个传感器的状态值相加,其和作为条件分支的判断依据。

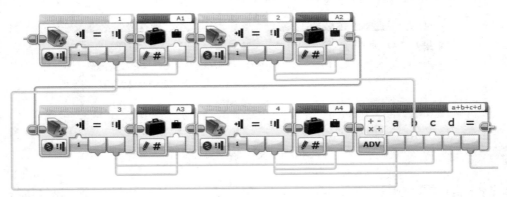

图 9-99　参考程序

可以将这部分程序作为一个子程序模块,如图 9-100 所示。

根据输出值,确定如图 9-101 所示条件结构的执行。

如果满足条件,程序运行如图 9-102 所示。

将 4 个文本变量合并输出。如果只有一个端口连接的传感器发生了触碰,显示"1000""0100""0010""0001"其中之一;否则,无论是否有触碰,都显示 Not one。

图 9-100　子模块图标

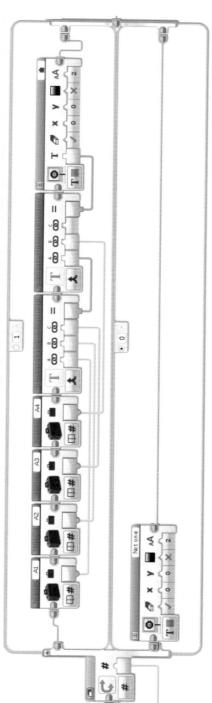

第 9 章　变量与函数运算

图 9-101　条件结构

147

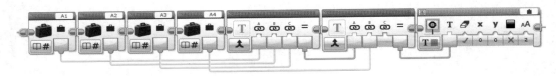

图 9-102　程序运行

将分支结构作为一个子程序模块,如图 9-103 所示。

完成的程序如图 9-104 所示。

图 9-103　子程序模块图标

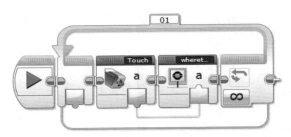

图 9-104　完成的程序

【例 9-22】　开发一个"锤子、剪子、布"的游戏。

分析:通过按钮选择不同的输入,如通过 EV3 按钮,分别用左、中、右代表"锤子""剪子""布",对应的数值为"1""2""3";同时,EV3 通过随机变量自动选择随机数"1""2""3",使游戏双方做出选择。

判断胜负的算法为:如果我们选择"1"(锤子),EV3 选择"2"(剪子),则我们赢,得出胜负规律如表 9-20 所示,即只有在 EV3 随机数减去输入值得 -2、1 时胜,得 0 时平,得其他值时输。

表 9-20　胜负规律

EV3 随机数	运　算	输入值	胜　负
1(锤子)	—	3(布)	-2 胜
2(剪子)	—	3(布)	-1 负
3(布)	—	3(布)	0 平
1(锤子)	—	2(剪子)	-1 负
2(剪子)	—	2(剪子)	0 平
3(布)	—	2(剪子)	1 胜
1(锤子)	—	1(锤子)	0 平
2(剪子)	—	1(锤子)	1 胜
3(布)	—	1(锤子)	2 负

编写程序如图 9-105 所示。

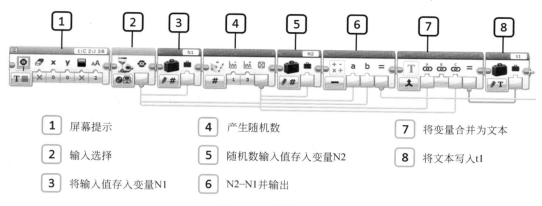

1　屏幕提示　　　　4　产生随机数　　　　7　将变量合并为文本

2　输入选择　　　　5　随机数输入值存入变量N2　　8　将文本写入t1

3　将输入值存入变量N1　6　N2-N1并输出

图 9-105　**参考程序**

利用自定义模块的方法生成一个模块 PLAYGAME，如图 9-106 所示。

显示结果程序如图 9-107 所示，分成 4 种状态，即 EV3 随机数减输入值得-2、1、0 和其他。默认为-1。根据不同情况，分别加入 WIN 或 LOST、AGAIN 的文本常量，并与 t1 一同输出。

图 9-106　**PLAYGAME 模块**

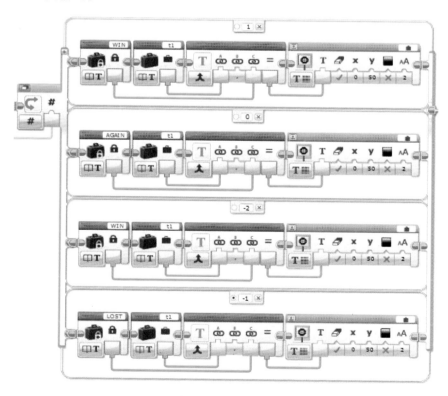

图 9-107　**结果程序**

将这一分支结构生成自定义模块，如图 9-108 所示。

参考程序如图 9-109 所示。

图 9-108　**自定义模块**　　　　　　　　图 9-109　**参考程序**

9.11　实践与思考

设计一个学习程序，机器人自动出一组题，并给出可供选择的答案。如果选择正确，则给予鼓励。

第10章　EV3高级应用

在编程过程中,可能会使用蓝牙传感器传送一些数据,或者将传感器的值通过文本保存下来,EV3的编程软件中也提供了这些功能。这些模块可以帮助我们更深入地了解程序运行状态,更精确地控制机器人。

10.1　文件模块

通过文件模块 将数据以文本的形式保存到 EV3。文件模块的各部分功能如图10-1所示,其选择模式与功能如图10-2所示。

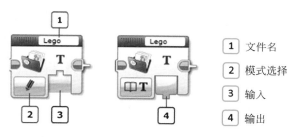

1	文件名
2	模式选择
3	输入
4	输出

图 10-1　文件模块的功能

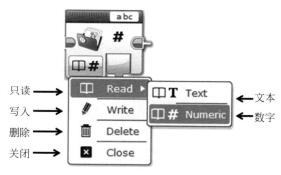

图 10-2　选择模式与功能

将数据写入文本后,在能够读取或者使用第三个文件存取模块删除该文件之前,必须使用另外一个文件存取模块来关闭该文件。

写入一个已经存在的文件时,数据自动保存在文件的后面,不会删除之前的任何数据。想要重写一个文件,需要先使用文件存取模块来删除该文件,然后使用另一个文件存取模块写入新的文件。文件模块属性可以设置为写、读、删除或者关闭文件。

【例 10-1】 设计一个程序,记录声音的变化,并保存文件。

传感器端口设置如表 10-1 所示。

表 10-1 传感器端口设置

输入/输出端口	类 别	描 述
1	声音传感器	检测触碰

参考程序如图 10-3 所示。

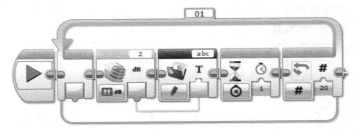

图 10-3 **参考程序**

在此程序中,采集了 20 个数据,每秒钟采集一次。程序执行结束后,在 EV3 中自动记录名为 abc 的文件。下面查看所记录的文件。

将 EV3 与计算机连接,打开工具菜单 Tools,如图 10-4 所示,或直接打开 Memory Browser,如图 10-5 所示。

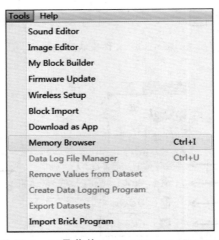

图 10-4 **工具菜单** Tools→Memory Browser

在 Memory Browser 中,找到刚刚生成的 abc 文件,如图 10-6 所示。

选择存放文件的位置,保存文件。可以在文件存放的位置找到名为 abc 的 RTF 文本格式文件 。可以用 Microsoft Word 或记事本打开,也可将数据输入 Microsoft Excel

制作成图表,如图 10-7 所示。

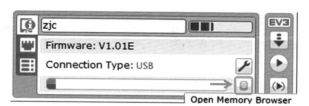

图 10-5　打开 Memory Browser

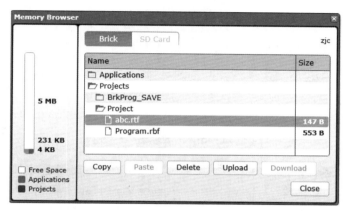

图 10-6　上传名为 abc 的文件

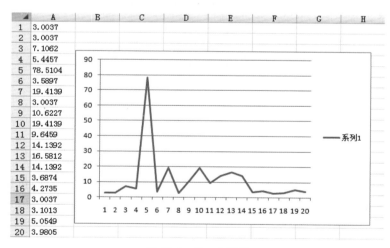

图 10-7　Excel 图表

　　也可以用 EV3 屏幕查看文件,这要用到文件模块的只读属性。在读取文件之前,必须使用文件模块的关闭属性关闭文件。完整的程序如图 10-8 所示。

　　【例 10-2】　利用光电传感器制作一个记录器。当有红色物体靠近时,记录时间。

　　传感器端口设置如表 10-2 所示。

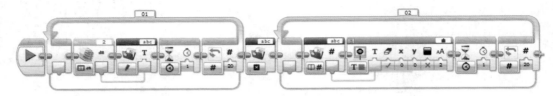

图 10-8　**参考程序**

表 10-2　**传感器端口设置**

输入/输出端口	类　别	描　述
3	颜色传感器	前方物体颜色

参考程序如图 10-9 所示。

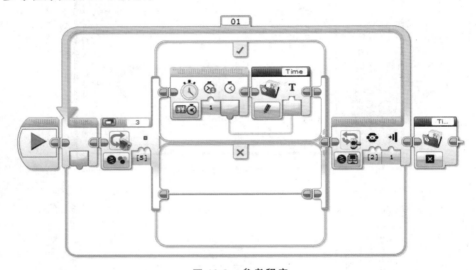

图 10-9　**参考程序**

10.2　测 量 模 块

使用测量模块 将传感器检测的数值收集并保存为文件形式。测量模块的功能如图 10-10 所示,其选择模式与功能如图 10-11 所示。

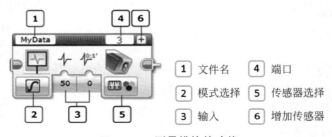

1	文件名	4	端口
2	模式选择	5	传感器选择
3	输入	6	增加传感器

图 10-10　**测量模块的功能**

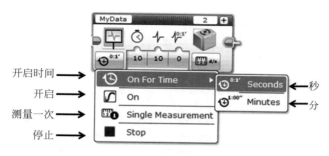

开启时间 →
开启 →
测量一次 →
停止 →
→ 秒
→ 分

图 10-11　**选择模式与功能**

【**例 10-3**】　利用触碰传感器和声音传感器同时检测并将结果在实验窗口打开。

参考程序如图 10-12 所示。程序运行结束后,保存名为 T and S 001 的文件。下面查看文件的数据。

图 10-12　**参考程序**

新建一个实验文件,如图 10-13 所示。

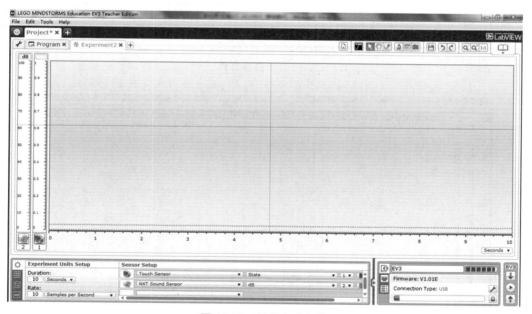

图 10-13　**新建实验文件**

打开 Tools→Data Log File Manager,如图 10-14 所示。在同项目中查找 T and S 001 文件,如图 10-15 所示。选择 Import,将文件在实验窗口打开,如图 10-16 所示。

图 10-14　打开 Tools→Data Log File Manager

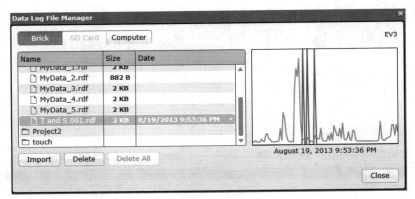

图 10-15　查找文件

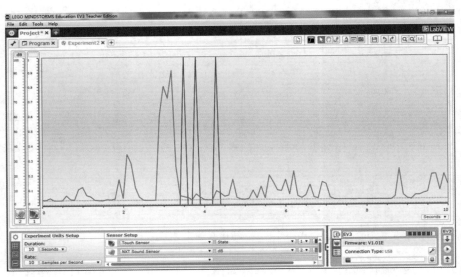

图 10-16　在实验窗口打开文件

如何进一步分析数据,将在第 11 章中讲述。

10.3　信息模块

通过蓝牙发
送传感器检
测值信息

信息模块 可以在两个 EV3 之间传递信息,发送或接收信息都需要使用这一模块。在使用之前,要将两台 EV3 通过蓝牙连接,可以使用蓝牙模块连接,也可以通过在 EV3 中设置将其连接。将两台 EV3 通过蓝牙连接请参考第 7 章。信息模块的功能如图 10-17 所示。信息模块选择模式与功能如图 10-18 所示。

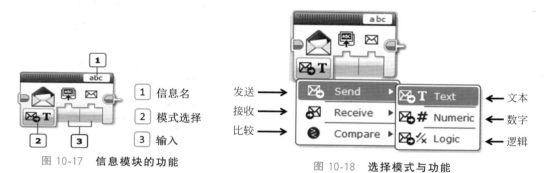

1	信息名
2	模式选择
3	输入

图 10-17　信息模块的功能

图 10-18　选择模式与功能

【**例 10-4**】　有两台通过蓝牙连接的 EV3,其中一台连接传感器。请编写程序,在另一台 EV3 上读取传感器检测的值。

发送机器人程序如图 10-19 所示。

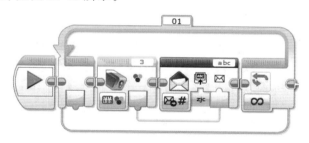

图 10-19　发送机器人程序

接收机器人程序如图 10-20 所示。

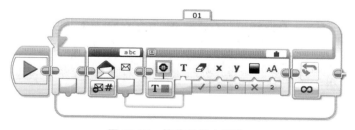

图 10-20　接收机器人程序

通过蓝牙发
送文件信息

10.4　蓝牙模块

蓝牙模块 具有开启、关闭蓝牙开关，或者与指定的蓝牙设备建立联系或清除连接的功能。所要连接的蓝牙设备需要事先存在于设备列表中。蓝牙模块的功能如图 10-21 所示。

几种选择模式如图 10-22 所示。

图 10-21　**蓝牙模块的功能**

图 10-22　**选择模式与功能**

【**例 10-5**】　通过蓝牙相互连接的两台 EV3 机器人，其中一台发出文字信息，在另一台的屏幕上显示信息。

发射信息的程序如图 10-23 所示。

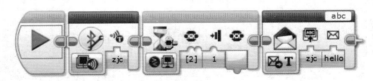

图 10-23　**发射信息的程序**

接收并显示的程序如图 10-24 所示。

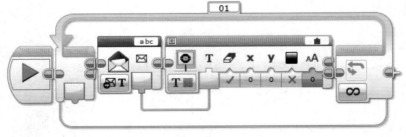

图 10-24　**接收并显示的程序**

10.5 唤醒模块

唤醒模块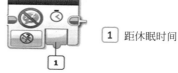保证机器人在程序运行时不因为设置的原因而休眠,这对于保证机器人准确执行指定任务非常重要。

唤醒模块的功能如图 10-25 所示。

【例 10-6】 制作一个触碰检测器。如果受到触碰,则发出声音,同时保持不休眠。

参考程序如图 10-26 所示。

1 距休眠时间

图 10-25 **唤醒模块的功能**

如果在这个程序中没有 02 循环,当等待时间超过 EV3 的休眠设置后,机器人将进入休眠状态,无法继续执行指令。在 02 循环中,不休眠模块与循环程序一起每 30min 运行一次,从而使机器人无法休眠。

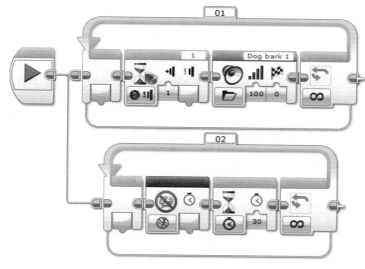

图 10-26 **参考程序**

10.6 传感器原值模块

传感器原值模块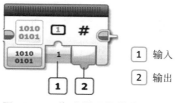是输出一个未经修正的传感器检测的数值,其范围根据传感器的种类而有所不同。这个模块让我们使用更多的第三方传感器,而无须使用专门的传感器模块。传感器原值模块的功能如图 10-27 所示。

在使用该模块的时候,要事先校正传感器检测的数值。如表 10-3 所示为温度传感器原值与温度的对应关系。

1 输入

2 输出

图 10-27 **传感器原值模块的功能**

表 10-3　温度传感器原值与温度的对应关系

温度/℃	35	36	37	38	39	40	41	42	43
Vernier 温度传感器原值	1952	1908	1868	1828	1788	1752	1703	1672	1636
温度/℃	44	45	46	47	48	49	50	51	52
Vernier 温度传感器原值	1596	1560	1524	1488	1452	1420	1380	1532	1320
温度/℃	53	54	55	56	57	58	59	60	61
Vernier 温度传感器原值	1288	1252	1224	1192	1160	1132	1104	1080	1048
温度/℃	62	63	64	65	66	67	68	69	70
Vernier 温度传感器原值	1024	1000	972	952	924	900	880	856	836
温度/℃	71	72	73	74	75	76	77	78	79
Vernier 温度传感器原值	816	796	776	752	736	716	700	680	672

　　相关实验图形如图 10-28 所示。从图中可以看出，这不是一个线性关系。如果希望使用函数表示温度与传感器原值之间的关系，则要获得更多的数据并进行分析。

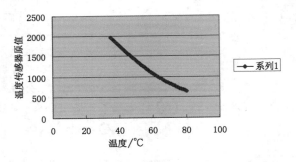

图 10-28　实验图形

　　也有一些传感器原值与检测的物理量之间的关系比较简单，如表 10-4 和图 10-29 所示。

表 10-4　实验数据

钩码质量/kg	0	200	400	600	800	1000	1200	1400	1600
Verniertj 重力传感器原值	2260	2192	2132	2072	2008	1948	1888	1824	1764

　　显然，这是线性关系，可以将传感器原值与质量的关系用一个线性函数表示，即

$$Y = -0.31X + 2260$$

　　其中，Y 表示传感器检测的原值；X 表示钩码的实际质量。通过这一公式，当传感器检测到任何一个数值时，可获得所受力的大小。公式改写为

$$X = (Y - 2260)/0.31$$

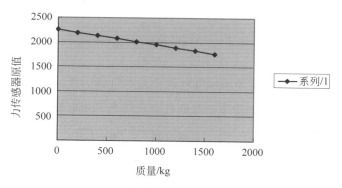

图 10-29　**实验图形**

【**例 10-7**】　根据表 10-4 所示传感器原值与所测钩码质量对照表,制作一个测力装置,在屏幕上自动显示所受钩码重力。

实验装置如图 10-30 所示。参考程序如图 10-31 所示。

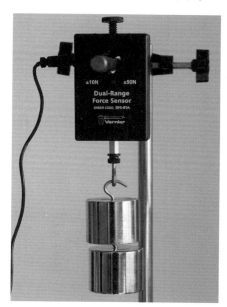

图 10-30　**实验装置**

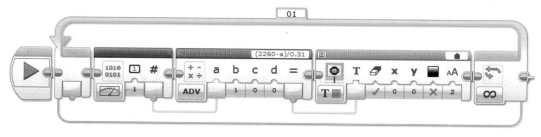

图 10-31　**参考程序**

10.7　未校准电机模块

未校准电机模块是指驱动非标准电机或用电负载的模块,如图 10-32 所示。它只有输出能量的选项,可以用来驱动第三方电机以及灯光等用电设备。

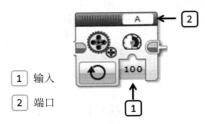

① 输入
② 端口

图 10-32　**未校准电机模块的功能**

10.8　反向电机模块

反向电机模块将使电机的运转方向发生改变,如图 10-33 所示。

【例 10-8】　使电机正转 1s,再反转 1s。

参考程序如图 10-34 所示。程序结束模块用于结束程序。

① 端口
② 方向输入

图 10-33　**反向电机模块的功能**

图 10-34　**参考程序**

10.9　程序结束模块

【例 10-9】　机器人同时执行两个任务:①电机运动后出现屏幕显示;②同时检测是否按下了 EV3 按钮,一旦按下,全部程序停止。

分析:因为按下按钮是中断程序的完全条件,所以在按下按钮后接一个程序结束模块。中止模块只是中止某个循环过程,结束模块则是结束全部的程序。

电机设置如表 10-5 所示。

表 10-5　**电机设置**

端　口	类　别	描　述
A	电机	转动

参考程序如图 10-35 所示。

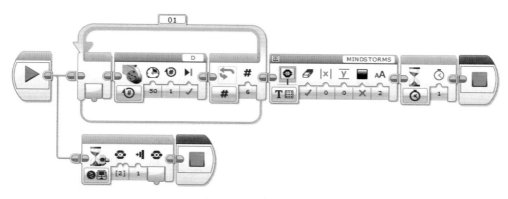

图 10-35　**参考程序**

10.10　实践与思考

（1）设计一个带有第三方传感器的机器人，连接传感器有氧气浓度传感器、紫外线传感器和光电传感器。在不同时间测量数据，并将其存入文件。观察这三组数据之间有什么样的关系。

（2）机器人比赛场地如图 10-36 所示。

图 10-36　**机器人比赛场地**

设计路线：机器人从 A 点走到 B 点，途中会随机出现一些障碍物，机器人要躲避这些障碍，到达 B 点。

第 11 章 EV3 实验与测量

11.1 EV3 级连方式

在项目属性窗口如果选中 Daisy-Chain Mode,可以将 EV3 机器人分级连接,如图 11-1 所示。机器人分级连接的方式如图 11-2 所示。

图 11-1 选中 Daisy-Chain Mode

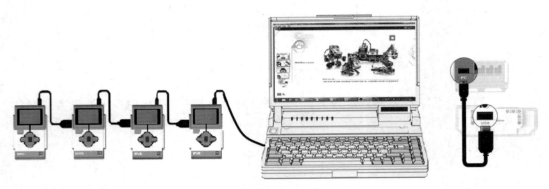

图 11-2 机器人分级连接的方式

按同种方式将四台机器人连接在一起,成为四级连接结构。当在项目属性中选择了 Daisy-Chain Mode,编程窗口中的所有电机模块以及与传感器有关的模块都会出现层级选项,如图 11-3 所示。同时,在连接信息窗口出现每级 EV3 所连接电机与传感器的信息，如图 11-4 所示。通过选择层级控制各级电机运动，并读取各级 EV3 所连接的传感器检测值。

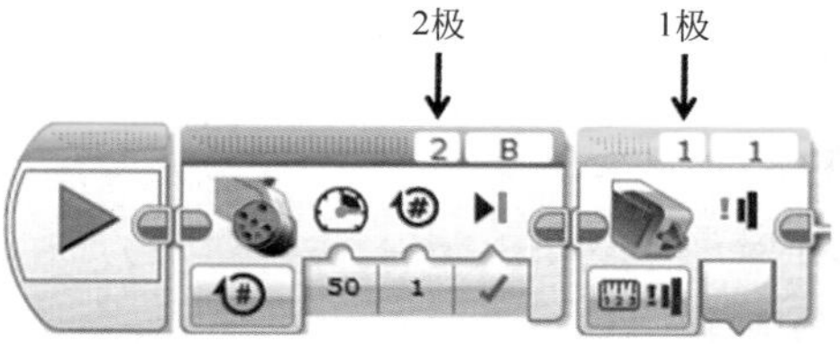

图 11-3　**模块中出现层级选项**

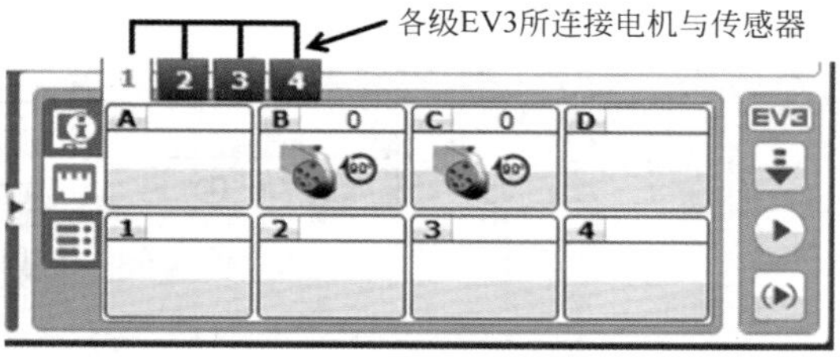

图 11-4　**连接信息窗口**

【例 11-1】　一个两级连接的 EV3 机器人在运动过程中通过第二级 EV3 所带传感器检测环境中的声音，并在第一级 EV3 屏幕上显示，同时根据声音控制机器人的运动速度。

参考程序如图 11-5 所示。

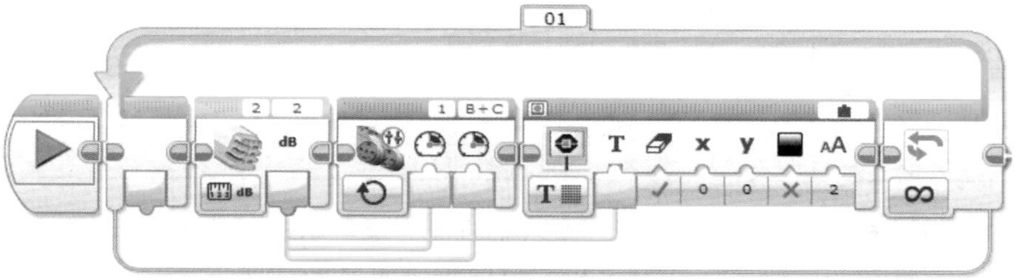

图 11-5　**参考程序**

【例 11-2】　通过传感器控制不同层级的电机运动。

参考程序如图 11-6 所示。

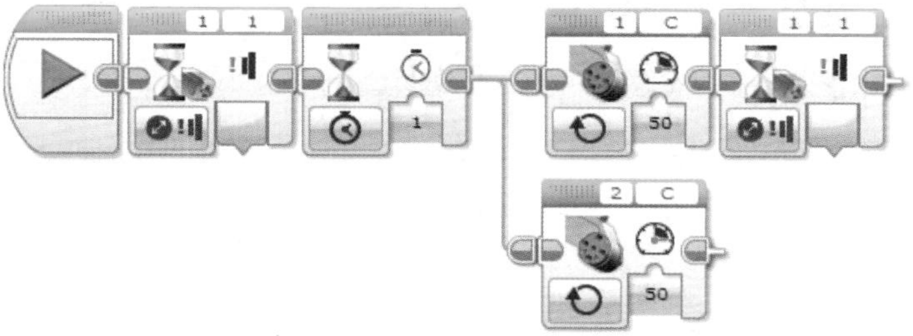

图 11-6　**参考程序**

11.2　模块动态连接方式

在 LEGO MINDSTORMS Education EV3 软件中，所有与输入/输出相关的模块（如电机、传感器、等待、循环、分支等）都要设置端口，这种端口设置可以是固定的，也可以在程序运行中动态指定。

如果多个 EV3 之间采取分级连接的方式,在上述模块中还会有层级设置,如图 11-7 所示。

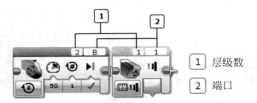

1 层级数

2 端口

图 11-7　分级连接时的端口设置

各端口的数值规定如表 11-1 所示。

表 11-1　各端口的数值规定

EV3 端口	端口输入的数值	EV3 端口	端口输入的数值
A	1	1	1
B	2	2	2
C	3	3	3
D	4	4	4

【例 11-3】　通过一个常量,将指定传感器的检测值显示在屏幕上。

参考程序如图 11-8 所示。控制电机端口的数值如表 11-2 所示。

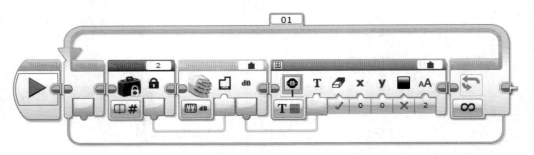

图 11-8　通过常量指定传感器的参考程序

表 11-2　控制电机端口的数值

电机端口	输入端口的数值	电机端口	输入端口的数值
B,C	23	A,B	12
C,B	32	A,D	14

【例 11-4】　利用一组数值控制指定电机的运动。

参考程序如图 11-9 所示。对于多级连接的方式,指定端口的方式如表 11-3 所示。

图 11-9　通过数值控制指定电机的参考程序

表 11-3　指定端口的方式

层　级	端　口	输入端口的数值	层　级	端　口	输入端口的数值
1	3	103(或 3)	2	4	204
1	D	104(或 4)	2	A	201
1	B,C	123(或 23)	4	B,C	423

【例 11-5】　通过一组数值控制一个分级连接的电机运动。

参考程序如图 11-10 所示。这表示让第二级 D 端口连接的电机以一半能量转动一周。

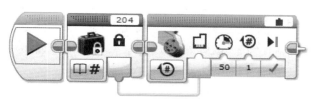

图 11-10　通过数值控制一个分级连接的电机的参考程序

11.3　新建实验

在项目中新建实验的方法如图 11-11 所示。

连接要测量使用的传感器与 EV3，然后再将 EV3 与计算机连接。打开 EV3 电源，软件自动识别所使用的传感器种类及所连接的端口。

实验窗口如图 11-12 所示。

工具栏及各部分功能如图 11-13 所示。

可以在 Y 轴输入所测的最大值，也可以在测量后将鼠标放在 Y 轴上，将出现如图 11-14 所示的画面。

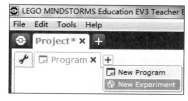

图 11-11　新建实验

可以通过满屏与自动屏幕变换更好地观察实验效果，并分析数据。实验运行方式如图 11-15 所示。

实验数据可用图像表示，也可用表格记录。数据表格如图 11-16 所示。

其中，选择移动数据，是因为数据的差距可能很大，在各自的坐标轴中不易比较。例如，一个触碰传感器与一个声音传感器所检测的数据，由于各自的 Y 轴单位不同，不能直

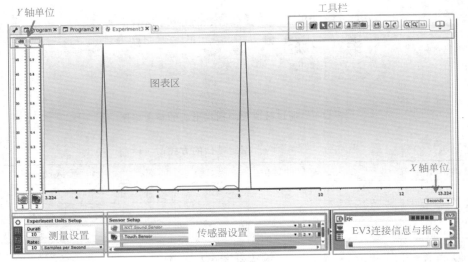

图 11-12 **实验窗口**

图表区

Y轴单位

X轴单位

工具栏

测量设置

传感器设置

EV3连接信息与指令

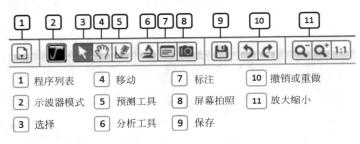

1 程序列表	4 移动	7 标注	10 撤销或重做
2 示波器模式	5 预测工具	8 屏幕拍照	11 放大缩小
3 选择	6 分析工具	9 保存	

图 11-13 **工具栏及各部分功能**

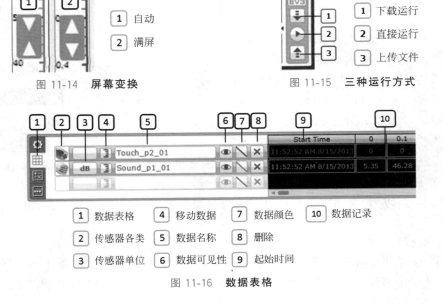

1 自动
2 满屏

图 11-14 **屏幕变换**

1 下载运行
2 直接运行
3 上传文件

图 11-15 **三种运行方式**

1 数据表格	4 移动数据	7 数据颜色	10 数据记录
2 传感器各类	5 数据名称	8 删除	
3 传感器单位	6 数据可见性	9 起始时间	

图 11-16 **数据表格**

接比较,如图 11-17 所示。于是,选择移动数据的方法是将数据存入一个共同的坐标系,对数据进行比较。打开触碰传感器的移动数据选项,如图 11-18 所示。

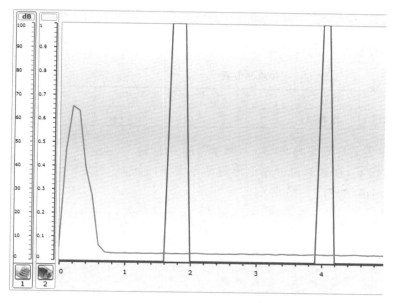

图 11-17　各自 Y 轴单位测量图

图 11-18　移动数据选项

单击 Ok 按钮,数据图像改为如图 11-19 所示。

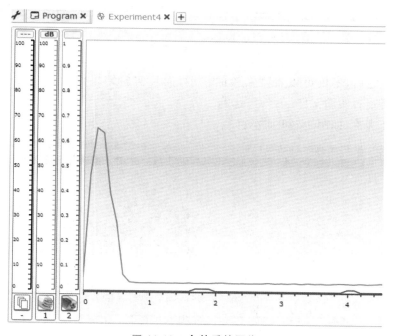

图 11-19　合并后的图像

触碰的数据图像在新坐标系中发生了改变,以便更清楚地了解各种数据之间的相互关系。

11.4 实验记录

新建一个实验,传感器设置如表 11-4 所示。

表 11-4　传感器设置

端　口	类　别	描　述	端　口	类　别	描　述
1	触碰传感器	检测触碰	2	声音传感器	检测声音

关闭示波器模式 ,设置采样频率为 10 次/s,测量时间为 10s。

启动程序直接运行模式 ,在计算机屏幕上出现两条实验曲线,分别为声音传感器与触碰传感器随时间的检测值,如图 11-20 所示。

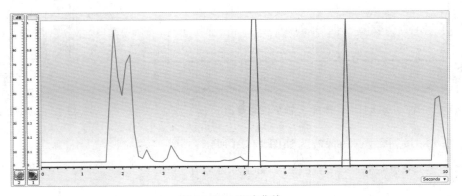

图 11-20　实验曲线

实验完成之后,不仅可以看到实验曲线图,而且实验结果作为一个文件存入 EV3。下面学习如何查看实验文件。

新建一个实验,如图 11-21 所示。

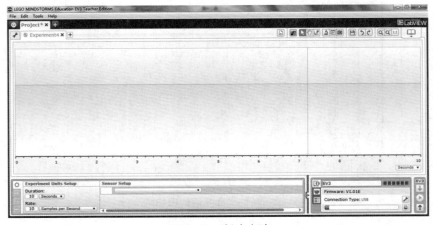

图 11-21　新建实验

选择 Tools→Data Log File Manager,如图 11-22 所示,再选择当前项目下的实验数据文件,预览效果如图 11-23 所示。

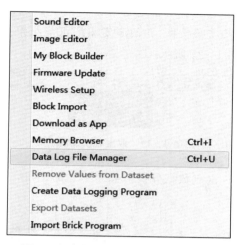

图 11-22 选择 Data Log File Manager

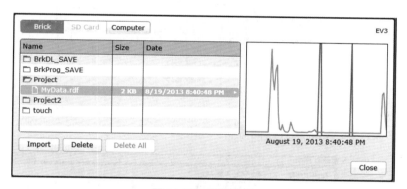

图 11-23 预览效果

选择 Import,打开实验文件,如图 11-24 所示。

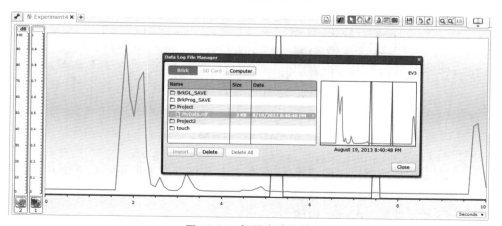

图 11-24 打开实验文件

11.5　分析工具

数据分析工具可以检验实验数据,并预测实验的可能结果。分析工具提供点数据分析和选择区数据分析,如图 11-25 所示。

图 11-25　**数据分析工具**

(1) 选择 Point Analysis(点数据分析),如图 11-26 所示。

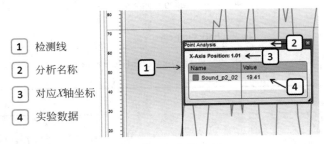

1　检测线
2　分析名称
3　对应 X 轴坐标
4　实验数据

图 11-26　**点数据分析**

移动图中"1"所指黑线,表中将显示黑线与实验曲线交叉点时的数值。

(2) 选择 Section Analysis(区间分析),如图 11-27 所示。

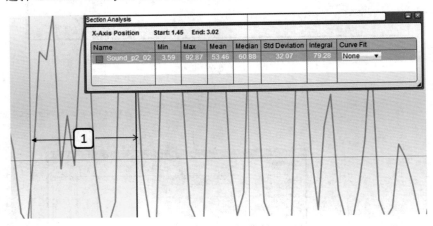

图 11-27　**区间分析**

图 11-27 中,"1"所指范围即选择区间,在表上有相应的数据显示。其中,Curve 表示与哪一种曲线符合,如表 11-5 所示。

图 11-28 所示曲线与 Cubic 相符。

表 11-5 曲线种类

None	无符合曲线
line	$y = mx + b$
Quadratic	$y = ax^2 + bx + c$
Cubic	$y = ax^3 + bx^2 + cx + d$

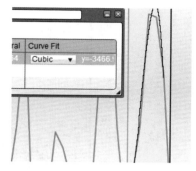

图 11-28 与 Cubic 相符的曲线

与某一曲线相符,可以更直观地了解数据之间的关系。

11.6 预 测 工 具

使用预测工具,可以根据已有的实验数据获得实验曲线的走势与趋向。预测可以使用公式,也可以手动完成。预测结果应该用实验曲线验证。预测工具如图 11-29 所示。

图 11-29 预测工具

新建一个预测,如图 11-30 所示。

1 名称
2 传感器
3 预测类型
4 公式
5 预览

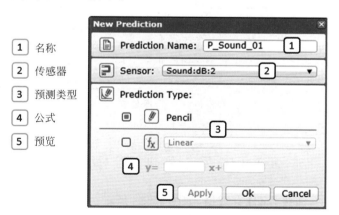

图 11-30 新建预测

如果选择 Pencil,可以绘制预测曲线,如图 11-31 所示。如果选择公式,其中有很多公式可选,如图 11-32 所示。

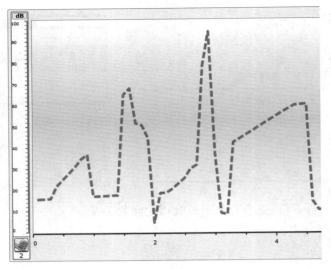

图 11-31　绘制预测曲线

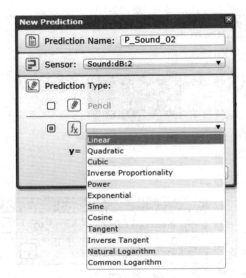

图 11-32　选择公式

11.7　数据表格

　　这一实验不仅有曲线,而且有数据,如图 11-33 所示。

　　为了更清楚地分析数据,将其导出到计算机上。先将光标放在图 11-33 中所示的表中。单击任一组数据,所选数据的曲线将加粗,打开 Tools→Export Datasets,导出的数据如图 11-34 所示。

　　将数据导出到文件,选择存放文件的位置及文件名,如图 11-35 所示。

　　打开文件位置,就会出现所存文件,如图 11-36 所示。

Start Time	0	0.1	0.2	0.3	0.4	0.5	0.6	0.7	0.8	0.9	1	1.1	1.2
8:40:48 PM 8/19/2013	0	0	0	0	0	0	0	0	0	0	0	0	0
8:40:48 PM 8/19/2013	3.1	3.1	3.1	3.1	3.1	3.1	3.1	3.1	3.1	3.1	3.1	3.1	3.1

图 11-33　实验数据

图 11-34　导出数据

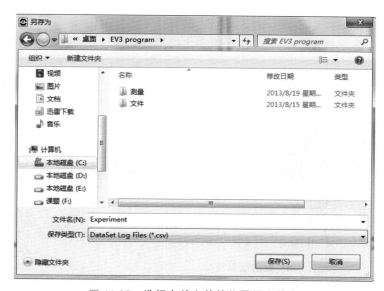

图 11-35　选择存放文件的位置及文件名

图 11-36　打开文件

　　若使用 Excel，所有数据都保存在表中。可以使用这些数据并插入图表进行分析，如图 11-37 所示。

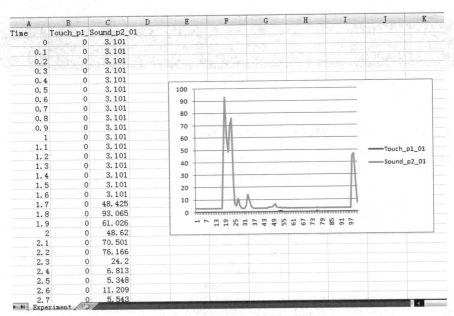

图 11-37　插入图表分析数据

11.8　数据运算

获得实验数据并不是实验的最终效果。找出数据变化的规律,并发现数据之间的相互联系,就要分析和处理数据。

要分析、处理已经存在的数据,就要用到数据运算窗口,如图 11-38 所示。

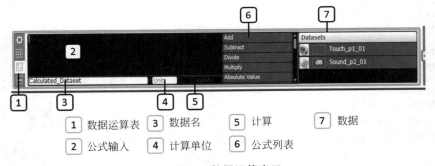

| 1 | 数据运算表 | 3 | 数据名 | 5 | 计算 | 7 | 数据 |
| 2 | 公式输入 | 4 | 计算单位 | 6 | 公式列表 |

图 11-38　数据运算窗口

计算平均
光电强度

【例 11-6】　两个光电传感器检测曲线如图 11-39 所示。试计算平均光电强度。

在公式输入栏中输入公式,如图 11-40 所示。

单击 Calculated_Dataset 按钮,测量曲线变为如图 11-41 所示。

在数据表中增加了一组新的数据,如图 11-42 所示。

可以使用的公式如表 11-6 所示。

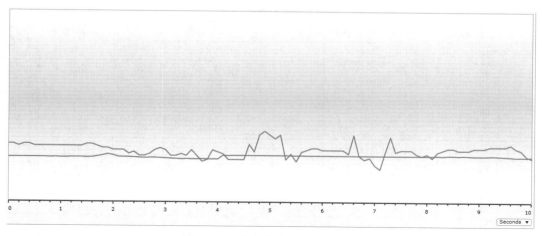

图 11-39　光电传感器检测曲线图

图 11-40　输入公式

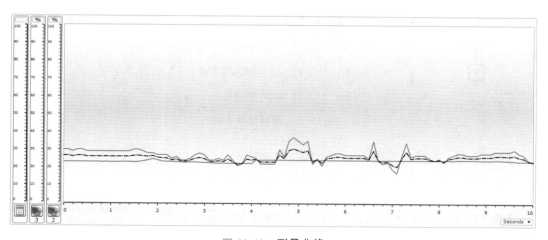

图 11-41　测量曲线

新数据表格

图 11-42　增加新数据

表 11-6 **可以使用的公式**

公式名称	运算符号	公式名称	运算符号
加	+	开方	Sqrt
减	—	正弦	Sin
乘	*	余弦	Cos
除	/	正切	Tan
绝对值	Abs	反正切	Atan2
平均值	Avg	自然对数	Ln
Floor	Floor	对数	Log
Ceiling	Ceil	Derivative	Slope
最小值	Min	近似	Round
最大值	Max		

11.9 图 表 程 序

图表程序是指在测量过程中,为了完成实验而要 EV3 执行的程序。图表程序要在图表程序表格中编写,如图 11-43 所示。

| 1 | 图表程序 | 3 | 显示/隐藏极限尺度 | 5 | 图表程序栏 |
| 2 | 传感器 | 4 | 极限尺度图标 | | |

图 11-43 **图表程序表格**

【例 11-7】 测量电机转动过程中的角度变化。

程序如图 11-44 所示。注意,要选择 ★ ☑,否则程序不会启动。

测量曲线如图 11-45 所示。

【例 11-8】 设置检测阈值。当超声波传感器检测到物体时发出声音。

将声音模块调入图表程序,同时如图 11-46 所示设置一个检测阈值曲线,然后运行程序。

图 11-44 **参考程序**

当检测到与物体的距离曲线穿越临界线时,机器人会发出声音。

只有选择了 1,才会启动图表程序,否则图表程序不会启动。如果选择 2、3,则在曲线区域出现如图 11-49 所示的两条曲线。曲线的数值是可调节的。可以根据实验要求调节数值。

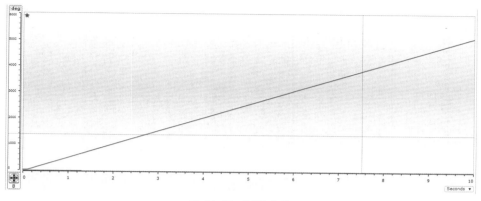

图 11-45   测量曲线

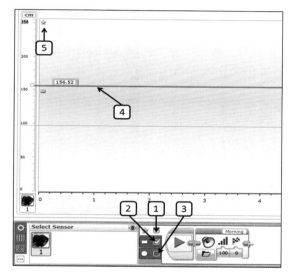

1 开启图表程序

2 显示阈值曲线1

3 显示阈值曲线2

4 阈值曲线

5 开启图表程序标识

图 11-46   设置检测阈值曲线

【**例 11-9**】   利用温度传感器检测温度的变化。当温度低于某一值时,启动电机 B 加热;当温度高于某一值时,启动电机 A 降温。

降温程序如图 11-47 所示,加热程序如图 11-48 所示。

图 11-47   降温程序

图 11-48   加热程序

加入阈值曲线,如图 11-49 所示。

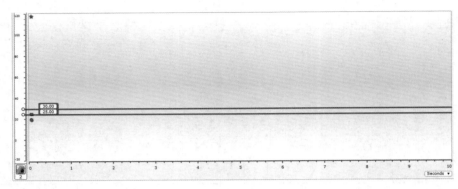

图 11-49　**阈值曲线**

11.10　实践与思考

设计一个带有多种传感器的机器人,检测周围环境,然后通过蓝牙设备将信息传至另一台机器人,并用文件的形式保存。

第 12 章　科学课程与工程设计项目

　　了解并熟练地控制机器人并不是我们学习的最终目的。机器人是一个学习和创新的工具,我们可以在各学科的学习中使用机器人进行实验,探索科学,或者用这一工具实现我们的创新设想,让机器人发挥应有的作用。乐高新增加的科学课程和工程设计项目,体现了乐高 EV3 在 STEM 教育中扮演的重要角色,为教师和学生的创新活动提供了新的空间。

12.1　工程设计项目

　　工程设计项目就是通过项目化的任务让学生了解工程设计流程,通过问题拆分等方法解决工程问题,使学生通过动手实践了解物理、科学、技术和数学知识在实验中的应用。学生可以创造性地解决项目中遇到的问题,并通过数字化记录工具记录实验数据。教师还可以讲解写作技巧、沟通交流技巧以及如何团队合作等内容。正在运行的机器人如图 12-1 所示。

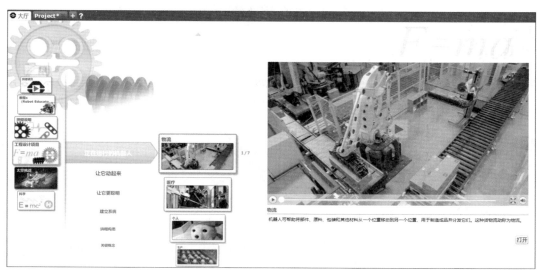

图 12-1　正在运行的机器人

　　在工程设计项目的任务中,每个学生都是工程师,作为团队中的成员,学生需要通过"头脑风暴"讨论出想法,应对挑战任务。然后对模型进行拼搭、编程和测试以评估成果。

随着不断学习,学生可学习到科学、技术和数学的知识,并培养团队交流的技巧。

这个设计工程项目共有十五个项目,采用影音视频等内容为学生和教师提供相关资料。每个项目都可以使用工程流程来设计。项目支持资料包括搭建构思和关键概念项目,其中包含背景信息以及词汇和编程工具。教师资料包括示例解决方案,其中包含工作模型视频、渐进式搭建说明和可下载的程序。

在课程开始之前,有 7 个小视频,学生可以通过观看视频,了解现在自动化设备和机器人设备在生活中的应用,每个视频之后都有三个小问题,引发学生深入思考,这些问题并没有标准答案,学生可以通过搜集资料,自己想象并设计机器人系统。在编辑模式中进行“物流”讨论,如图 12-2 所示。

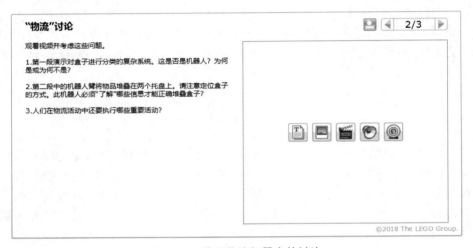

图 12-2　关于物流机器人的讨论

12.1.1　让它动起来

在“让它动起来”项目中,将对机器人进行设计、拼凑和编程,通过五个任务案例,对机器人自行设计并完成任务。

【例 12-1】　使用轮子。

任务要求:设计搭建一个可移动机器人,并满足以下要求:
- 距离为 1m;
- 使用至少一个电机;
- 使用轮子进行移动;
- 可以显示移动距离。

在动手制作这个任务之前,需要掌握通过编程控制大型电机、中型电机的转动。在编辑模式中设计纲要如图 12-3 所示。

根据任务要求,开始“头脑风暴”设计不同的解决方案,在设计机器人的车体时需要考虑好马达和车体的连接固定方法与轮子的尺寸,同时思考如何编程保证机器人可以移动正确的距离? 编辑模式中的“头脑风暴”如图 12-4 所示。

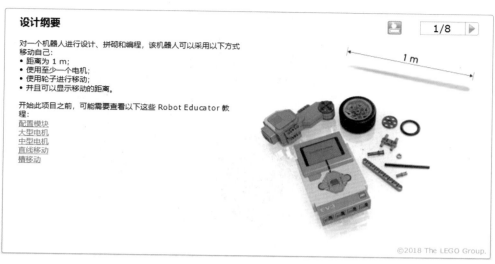

图 12-3　"使用轮子"设计纲要

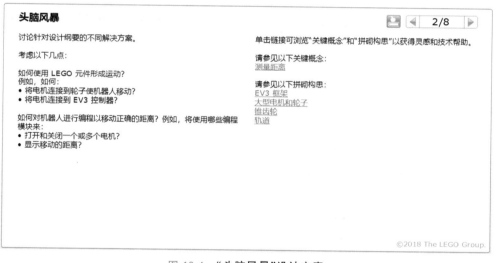

图 12-4　"头脑风暴"设计方案

　　根据设计方案尝试搭建车体,可以根据自己的设想增加一些装置,但是要保证车体可以顺利地完成前面的设定任务。机器人搭建样例如图 12-5 所示。

　　设计完成后编写程序进行测试,尝试让机器人完成行进 1m 的任务,并将测试的结果填写到表中,记录自己的测试过程,便于之后分析数据,如果机器人行进有问题,及时更改程序和结构设计。测试记录表格如图 12-6 所示。

　　测试过程中可以思考如下几个问题:

- 机器人是否可以准确计算距离?
- 如何直达?
- 其他同学通过哪些方式解决了此问题?

图 12-5　机器人搭建样例图

测试和分析　　　　　　　　　　　　　　　　　　　　

解决方案对设计纲要的符合程度如何？使用此页面可记录数据。命名列和行，如 **"试验数字" "移动的距离"** 和 **"观察内容"**。您还可能希望添加摘要信息，如测量的距离范围和平均距离。

图 12-6　"测试和分析"记录测试数据

场地测试与调试如图 12-7 所示。

图 12-7　场地测试与调试

测试过程中可以使用卷尺标出距离,同时设定标记位,例如车头从卷尺 0m 位置出发,当车头到达 1m 位置时停止。通过调整运动模块的圈数或度数可以控制行进距离的长短,最终接近 1m 位置。

　　测试完成后,可以和其他人一些分享测试结果,将自己在设计过程中遇到的问题、获得的经验与启发分享给其他人,并观察其他人是如何做的,有哪些优点可以学习,并将这些交流结果总结下来。

　　可以用文本、视频、图片等方式进行经验记录和交流,如图 12-8 所示。

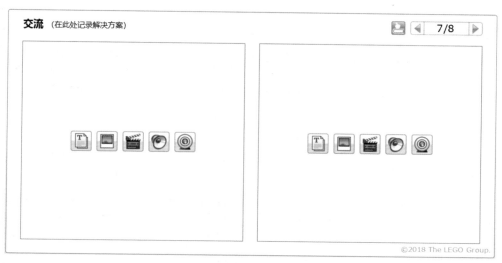

图 12-8　"交流"总结经验

　　现在完成了第一个工程设计任务,每个任务的解决方案都不止一个,所以学生可以开动脑筋,随意设计方案,并通过测试验证自己的想法,这就是工程师解决问题的方法。

　　在"让它更聪明"项目中,将对机器人进行设计、拼凑和编程,使其可以通过不同的方式感应环境并进行响应。

【例 12-2】　显示速度。

　　任务要求:对一个机器人进行设计、搭建和编程,该机器人可以自己移动,并且:

- 计算其平均速度;
- 显示平均速度。

　　在这个任务中,我们可以继续使用之前搭建好的机器人,或者也可以重新搭建机器人。

　　在设计解决方案时,需要考虑以下几点。

　　(1) 如何测量速度?

　　(2) 如何对机器人进行编程以计算速度?

　　(3) 将采用何种单位来测量距离?

　　(4) 将采用何种单位来测量行进的时间?

　　要解决以上问题,我们需要先知道速度的公式是 $v = s/t$,所以要测量速度,就要知道

距离和时间。在例 12-1 中我们已经测量了距离,接下来我们
只要通过编程测量时间,就可以求出平均速度。最后再将机
器人行进的平均速度显示在显示屏上就可以完成任务了。

使用 EV3 控制器测量时间需要使用传感器中的计时器模

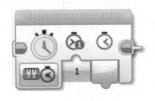

图 12-9　**计时器模块**

块,如图 12-9 所示。

在需要计时器模块开始计时的时候,将程序块中的 1 号
计时器重置,机器人开始运动,在机器人行进到 1m 的时候停
止,然后测量 1 号计时器的值并显示在显示器上,最后加入等待模块,就可以让显示器上
的时间停止,方便记录数据,参考程序如图 12-10 所示。

图 12-10　**显示时间程序**

现在已经可以得到行进时间,下一步需要通过计算得出平均速度。所以在得到时间
之后,用前进距离 1m 除以测量出的时间,就可以得到速度,参考程序如图 12-11 所示。

图 12-11　**显示速度程序**

最终得到的速度单位是 m/s,因为设定了行进距离为 1m,计时器的时间单位是 s。

测试完成之后,可以和其他人分享测试结果,将自己在设计过程中遇到的问题、获得
的经验与启发分享给其他人,并观察其他人是如何做的,有哪些优点可以学习,将这些交
流结果总结出来。

现在我们完成了两个任务,是不是觉得第二个任务比第一个任务要难一些? 不断
挑战新的任务才会让自己更快地成长,熟练地使用各种模块就可以顺利完成所有的
任务。

【例 12-3】　不使用轮子。

任务要求:对一个机器人进行设计、搭建和编程,使该机器人可以采用以下方式移动
自己:

- 距离至少 30cm;
- 使用至少一个电机;
- 不使用轮子进行移动。

编辑模式中的设计纲要如图 12-12 所示。

在这个任务中,我们需要对之前搭建的机器人进行改进,需要把轮子换成其他的行动
机构,在讨论解决方案的时候需要考虑以下几点。

图 12-12　设计纲要

（1）如何让机器人不使用轮子进行移动？

例如，使用电机控制机器人可以行走、爬行或摇摆前进？

（2）如何对机器人进行编程以使其移动？

例如，将使用哪些模块进行移动？打开和关闭一个电机会怎么样？能否显示移动距离？

根据任务要求搭建机器人，机器人的腿部结构可以参考搭建手册中的腿部结构搭建方法，如图 12-13 所示。

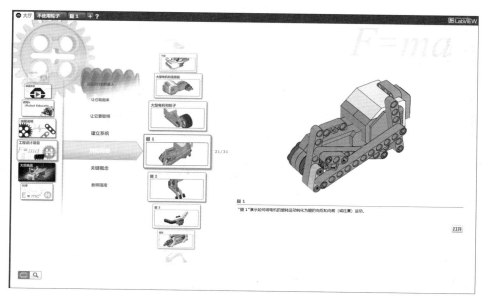

图 12-13　参考搭建结构

搭建完成后便可以编写程序,机器人的行进程序可以参考机器人的前进程序,通过控制电机转动圈数或者角度控制机器人的行进距离。

【例 12-4】 爬上斜坡。

任务要求:对一个机器人进行设计、搭建和编程,使该机器人可以自己爬上尽可能陡峭的斜坡。设计纲要如图 12-14 所示。

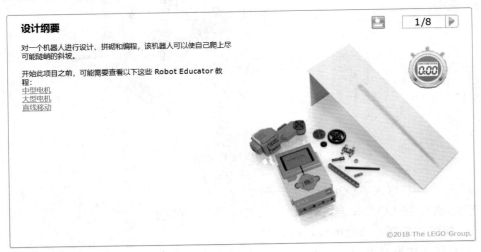

图 12-14 设计纲要

在这个任务中,我们需要对之前搭建的机器人进行改进,在讨论解决方案的时候需要考虑以下几点。

(1)齿轮如何提高电机功率?

(2)程序如何控制电机功率?

(3)对爬上斜坡的要求如何影响设计?

如果需要爬上斜坡,就要增加机器人与地面的摩擦力,所以可以选择履带或者更宽大的轮胎;同时应该增加轮子转动的扭矩,这就需要增加齿轮的传动比。虽然这样会使机器人降低行进速度,但是机器人可以获得更大的扭矩从而爬上更加陡峭的角度。机器人的减速机构可以参考搭建手册中的减速部分,如图 12-15 所示。

【例 12-5】 按图案行驶。

任务要求:对一个机器人进行设计、搭建和编程,使该机器人可以行走出指定的图形(如三角形、正方形等)。设计纲要如图 12-16 所示。

在这个任务中,讨论解决方案的时候需要考虑如何编程可以让机器人转动指定的角度。可以通过多次测试,验证机器人的转动角度。例如,如果想让机器人走出三角形,需要转动 60°,但是肉眼很难观察机器人是否转动到 60°,可以让机器人走完一个完整的三角形,如果转动角度正确,机器人应该回到出发位置,并且重复行走依然可以回到出发位置。

"让它动起来"项目通过 5 个案例,让学生可以了解机器人的基本运动控制方法和一些简单的机械结构搭建,为之后更复杂的任务做好准备。

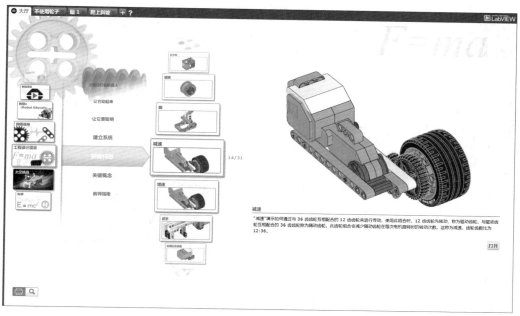

图 12-15　**参考搭建结构**

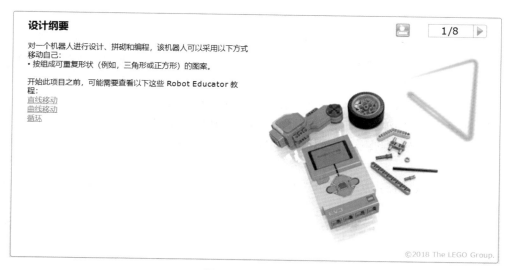

图 12-16　**设计纲要**

12.1.2　"让它更聪明"项目

在"让它更聪明"项目中,将设计制作更聪明的自主机器人,并让机器人可以根据环境的信息,使其 EV3 控制器通过颜色、陀螺仪、触动和超声波传感器感应一系列数据。

【例 12-6】　使用传感器。

任务要求:搭建一个机器生物,可以通过以下方式感知周围环境并进行响应。

（1）通过发声；

（2）通过控制器的 LED；

（3）通过在控制器显示屏上显示信息。

设计纲要如图 12-17 所示。

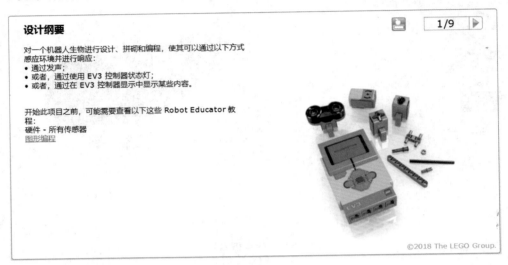

图 12-17　设计纲要

在这个任务中并没有固定的机器人形态，我们可以根据自己的想法设计机器人的外形和结构，任务中强调了感知周围环境，所以需要使用传感器。因此，在任务开始之前我们需要先了解各种不同的传感器分别能够感知哪些环境信息，在动物身上是如何体现的。

（1）触碰传感器：触碰、按压、抚摸等物理接触信息，如同动物的皮肤。

（2）颜色传感器：光感、颜色等视觉信息，如同动物的眼睛。

（3）超声波传感器：距离信息，如同动物中的蝙蝠、鲸都是使用超声波确定其他动物的位置。

（4）陀螺仪传感器：方向、角度、角速度信息。类似我们的内耳，动物可以利用这些信息辨别方向，保持平衡等。

（5）NXT 声音传感器：声音信息。如同动物的耳朵，动物通过声音辨别周围的情况。

（6）温度传感器：温度信息。动物可以通过温度识别环境，例如冬天动物会冬眠，温暖的季节就会苏醒。

（7）旋转传感器：位于马达中的传感器，可以感受到旋转的角度和速度。如同手臂的关节，通过这些信息可以更好地控制肌肉发力。

了解了各种传感器的信息后就可以开始制作了。机器人的外形可以设计成类似动物的形状，然后把传感器放置到对应的位置上，程序中可以通过传感器触发 EV3 控制器来发出声音和发出不同颜色的光起到警示作用。

例如下面这个程序，使用声音传感器模拟狗的耳朵，一旦检测到出现异响，便会嚎叫并且发出红光警示，等待 3s 之后，继续等待检测，参考程序如图 12-18 所示。

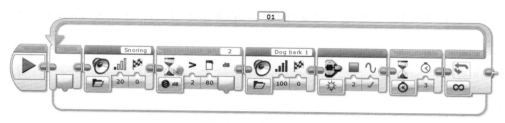

图 12-18　**参考程序**

"让它更聪明"项目通过 5 个案例,让学生可以了解传感器的基本功能和编程方案,学会使用传感器之后就可以设计机器人自主完成任务。

12.1.3　建立系统

在"建立系统"项目中将使用多个系统共同完成一些复杂任务,其中涉及机械结构设计,传感器程序设计和电机控制等,是更加综合的任务挑战。

【例 12-7】　移动球。

任务要求:搭建一个机器人系统,可以将球从一个位置移动到 90°方向的另一个位置,设计纲要如图 12-19 所示。

图 12-19　**设计纲要**

任务开始之前,我们可以参考搭建手册中球架的搭建方法,搭建出一个可以固定小球的支架,这样可以保证小球固定在一个位置不会乱跑,参考结构如图 12-20 所示。

在这个任务中,我们需要设计一个机器装置释放小球并且控制小球的运动方向,调整小球向 90°方向运动。设计这个方案的时候可以使用多种方法,可以通过零件搭建导轨结构引导小球的运动,也可以使用电机控制小球的运动,学生可以在此环节充分发挥想象,只要能够完成任务要求的目标就可以。

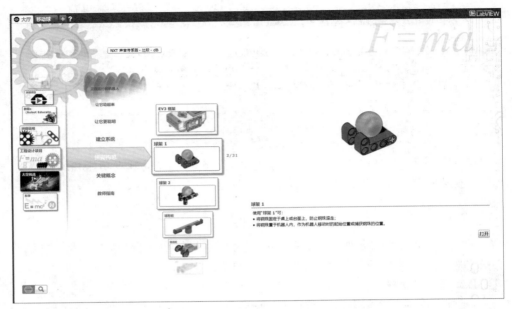

图 12-20　**参考结构**

设计完成后可以看看其他人的解决方案,从中学习一些新的想法和点子,看看有没有比自己更好的设计方法,有哪些内容可以学习借鉴并应用在以后的任务中。

"建立系统"项目通过 5 个案例,让学生接触更大的工程挑战,其中并没有标准的解决方案,学生通过"头脑风暴"、讨论、实验、测试、改进等环节不断完善自己的设计,从而形成更加完善的解决方案,这就是系统化思维的建立过程。

工程挑战项目中提供了丰富的搭建手册可供参考,学生如果在搭建过程中遇到问题,可以参考"搭建构思"中的搭建手册,看看能否提供给学生设计灵感。

"关键概念"中提供了完成次项目需要掌握的信息,包括工程流程、测量距离、测量速度、机器人逻辑、传感器和感应、系统和子系统。其中一些信息可以帮助学生更好地完成任务,理解系统化思维的好处。

"教师指南"包括此项目简介、器材零件清单和课程信息表。教师在开始课程之前可以通过这些信息了解课程内容,合理安排课程。

12.2　科学课程

科学课程板块通过能量、力与运动、光、热与温度等共 13 个科学实验探究科学问题。这些科学实验可以帮助老师启发学生思考物理和自然科学的各种现象、原理和概念。学生们能够通过创造性的学习过程掌握课程中要求的知识。

在进行实验之前,学生们应该像科学家那样进行科学实验。所有的学生分为若干小组,每个小组分配一个实验任务。首先,全体学生一起学习实验的注意事项,鼓励学生为实验的顺序和结果做出合理的猜想。然后学生们按照说明展开实验。此类实验教学活动可以培养学生团队合作能力、沟通技能以及自我表达能力；有助于在传授科学知识的过程中学习并掌握实验步骤。

注意：此课程部分内容需要使用 NXT 温度传感器（9747）和可再生能源套装（9688）。

12.2.1 "能量"项目

【例 12-8】 能量转换。

1. 实验简介

能量不会凭空产生或消失，只是在以各种形态进行转换。电能通过电流的形式体现。生活中我们可以利用风能（风力发电站）、流水（水电站）或你自己的肌肉力量来产生电能。

请思考：

- 如何自己产生电能？
- 如何以某种方式储存能量以便以后使用？

上述问题将在下面的实验中加以验证，实验中会使用手柄产生电能，储存该电能后用它驱动消耗电能的马达。实验介绍如图 12-21 所示。

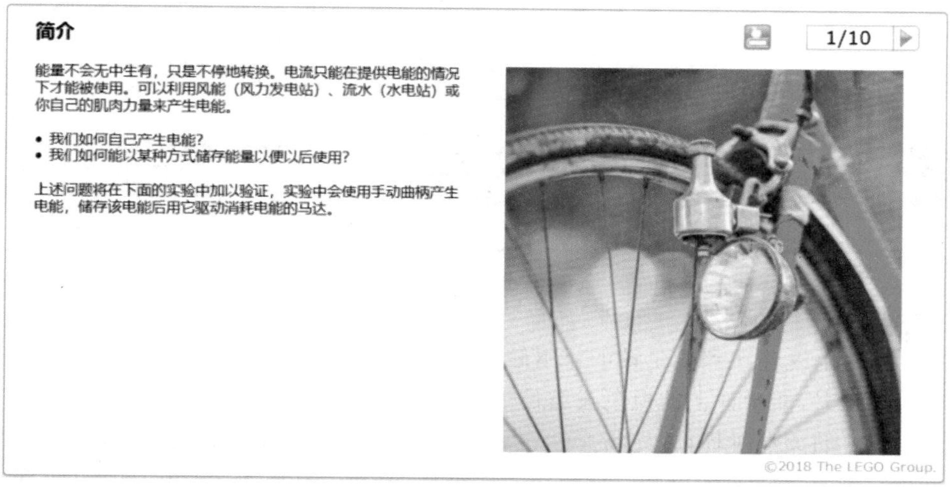

简介

能量不会无中生有，只是不停地转换。电流只能在提供电能的情况下才能被使用。可以利用风能（风力发电站）、流水（水电站）或你自己的肌肉力量来产生电能。

- 我们如何自己产生电能？
- 我们如何以某种方式储存能量以便以后使用？

上述问题将在下面的实验中加以验证，实验中会使用手动曲柄产生电能，储存该电能后用它驱动消耗电能的马达。

©2018 The LEGO Group.

图 12-21 **实验介绍**

参考搭建手册中的搭建步骤，搭建实验器材，注意能量计的使用方法，导线的连接和安装时不要用力过猛，否则有可能会损坏导线，可以使用起件器进行拆装。实验器材搭建如图 12-22 所示。

搭建完成后调出实验程序，将程序下载到 EV3 控制器中，如图 12-23 所示。

2. 实验注意事项

（1）使用 EV3 控制器上的"中"按钮启动计时器；显示屏上会显示运行时间。再次按"中"按钮停止计时器，在显示屏上显示时间。换言之，"中"按钮用来执行"启动/重置"和"停止"的功能。

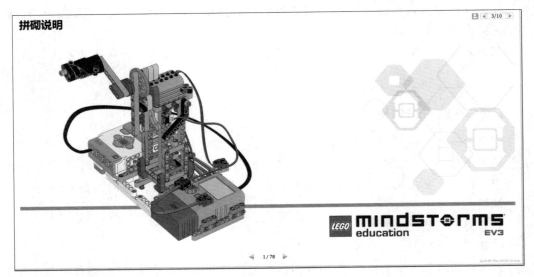

图 12-22　实验器材搭建

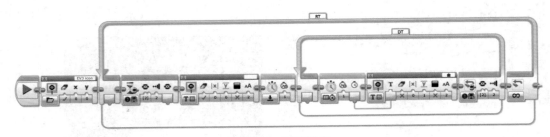

图 12-23　下载程序

（2）马达电缆连接到能量计的靠下触点。

（3）充电时，能量计上的橙色拨盘位于 0 位置。

（4）要启动放电过程，首先将马达电缆连接到能量计的靠上触点。能量计上的橙色拨盘转向左或右。拨盘的旋转方向决定电源连接的极性，从而决定马达的旋转方向。

з 实验过程：测量并记录数据

（1）启动程序"01"。

（2）转动曲柄，直到能量计上显示 3J（焦耳）的能量水平。

（3）将之前用作发电机的马达连接到能量计的靠上触点。

（4）同时启动马达和计时器。

（5）一旦放电过程完成（即当马达不再转动），则程序停止。读取并记录放电时间。

（6）重复本实验，产生 6J 和 9J 大小的能量。

（7）将实验编号与结果记录在表中。如需要，可扩展本表格。

（8）执行第二个系列的测试，在放电过程中使用 LED 代替马达，观察 LED 能亮多久。

4. 实验数据分析

（1）比较各种能量大小下马达的放电时间。

（2）比较各种能量大小下 LED 的放电时间。

（3）马达与 LED 放电时间之间的比是多少？

12.2.2 "力与运动"项目

【例 12-9】 齿轮。

1. 实验简介

骑自行车上坡或逆风骑行是很费力的事情。一个优秀的齿轮系统对于调节保持运动所需的动力很有用。当在水平地面骑车时，以低速挡启动，然后在较高速度时换挡至较高速挡。

（1）齿轮和行驶的距离之间有什么关系？

（2）在各种齿轮的使用中涉及什么力？

以下实验将研究使用不同齿数的齿轮传动比。实验介绍如图 12-24 所示。

简介

骑自行车上坡或逆风骑行是很费力的事情。一个良好的齿轮系统对于调节保持运动所需的动力很有用。当在水平地面骑车时，以低速挡起动，然后在较高速度时换挡至较高速挡。

- 齿轮和行驶的距离之间有什么关系？
- 在各种齿轮的使用中，涉及到什么力？

以下实验将研究使用不同齿数的齿轮时的传动比。

1/10

©2018 The LEGO Group.

图 12-24　**实验介绍**

参考搭建手册中的搭建步骤搭建出实验器材，如图 12-25 所示。

搭建完成后调出实验程序，将程序下载到 EV3 控制器中。程序请参考软件提供。

2. 实验注意事项

（1）使用超声传感器，测量与墙壁之间的距离。

（2）齿轮车位于距离墙壁 3.9in(10cm)处。

（3）超声传感器与墙壁垂直。

（4）机器人的行驶路线上必须无障碍物。

图 12-25　搭建结构

3. 实验步骤

（1）打开程序"06"。

（2）按"开始"按钮。

（3）测量距离墙壁的初始距离。车行驶至马达正好完成一圈。测量距离墙壁的新距离。显示屏显示行驶的距离。

（4）按照搭建说明中建议的各种齿轮多次执行本实验。

（5）将实验编号与结果记录在表中。

（6）按照搭建说明切换齿轮并重新开始。

4. 实验数据分析

（1）对于搭建说明中显示的每种不同的齿轮组合，使用该表将第一列中的传动比与第二列中各个行驶距离进行比较。

（2）解释哪个传动比得到的行驶距离最短，哪个得到的行驶距离最长。

（3）解释哪种传动比最适合运输重的负载。

（4）如需要，可扩展本表格。

12.2.3　"光"项目

【例 12-10】　光强度。

1. 实验简介

要在黑房间里读书，必须打开一盏灯。离灯近比离灯远更便于阅读。

（1）灯的光强度取决于什么？

（2）如果增加与光源之间的距离，光强度如何变化？

以下实验研究光强度与到光源距离之间的关系。实验介绍如图 12-26 所示。

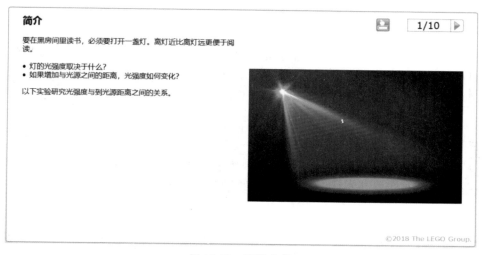

图 12-26　**实验介绍**

　　参考搭建手册中的搭建步骤,搭建出实验器材,如图 12-27 所示。搭建完成后调出实验程序,将程序下载到 EV3 控制器中。程序请参考软件提供。

图 12-27　**搭建实验器材**

2. 实验注意事项

(1)将光测量车布置在距离光源 5cm 处(如距离白炽灯的灯丝)。

(2)使房间昏暗。

(3)打开光源。

(4)使用 EV3 程序块"中"按钮,启动程序"11"。

3. 实验步骤

（1）启动程序"11"。

在本实验中，以 W/m^2 为单位显示光强度。车辆驶离光源每次延长 5cm，与此同时进行测量并显示测量值。

（2）将距离和光强度测量结果转移到表中。

4. 实验数据分析

根据观察结果与测量结果，写下结论。

（1）将距离（x）和光强度测量值（y）绘制在图中（如使用坐标纸），你注意到了什么？

（2）你能确定距离和光强度之间存在什么数学关系吗？

12.2.4 "热与温度"项目

【例 12-11】 冰冻和保温。

1. 实验简介

冷水和冷空气可能会令人感到不适，并可能导致冻伤。

（1）冷水中发生了什么？

（2）当环境很冷时，空气温度如何变化？

（3）如何能抵御严寒？

本实验涉及生成温度很低的水混合物，在各种环境下测量这种低温混合物对温度的影响。实验介绍如图 12-28 所示。

图 12-28　实验介绍

参考搭建手册中的搭建步骤，搭建出实验器材，如图 12-29 所示。

2. 实验注意事项

（1）应提供一杯带少量水的水杯。这个水杯用于执行实验。

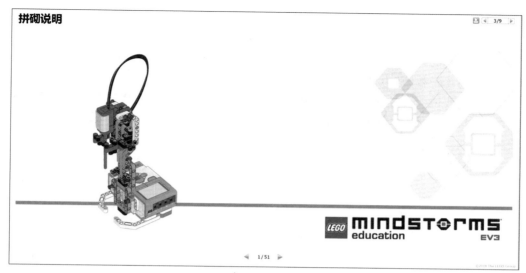

图 12-29 **搭建实验器材**

（2）应提供一个装微温水的玻璃杯。该玻璃杯用来在各次测量之间重置温度传感器。

（3）应提供一个空玻璃杯和一个装有原棉的玻璃杯。

（4）如果玻璃杯不稳，请将其固定在适当位置。

（5）每次测量玻璃杯中心的温度。

（6）使用"数据采集"功能，每秒记录 10 个测量值。

（7）每次观察温度曲线 5min。

3. 实验步骤

（1）将传感器浸没在微温水中（1min）。

（2）将传感器浸没在低温混合物中（第一个实验）。

（3）将一包盐溶解在那杯冰水中。观察温度曲线 5min。

（4）将传感器浸没在微温水中（1min）。

（5）将传感器放入空玻璃杯中，再将两者浸没在低温混合物中（第二个实验）。

（6）将传感器浸没在微温水中（1min）。

（7）将玻璃杯中的传感器用原棉包裹，再将杯浸没在低温混合物中（第三个实验）。

4. 实验数据分析

（1）描述当盐溶解到冰水混合物中后的情况。

（2）解释冰水混合物中的温度曲线。到达最低温度需要多久？

（3）在含有空气和原棉的玻璃杯中，你能观察到什么温度曲线？从中能得出什么结论？

5. 实验总结

"附加信息"提供和实验主题相关的知识,便于学生深入学习。

"评估问题"为每个实验设置了一些问题,可以用于测试学生的实验结果。

"评估问题—教师"中提供了上面"评估问题"题目的答案。

"打印搭建说明—教师"可把实验搭建步骤生成 PDF 版本,便于教师课上打印使用。

"教师指南"包括实验简介和课程目标表格,便于教师了解课程内容,合理安排教学。

序号	材　料	结　构
1	1x　　1x	
2	1x	
3	1x　④　1x　1x	
4	1x　　2x	

序号	材　料	结　构
5	2x　1x	
6	1x ⑧	⑧
7	1x	
8	1x　1x　1x ④	④
9	2x　1x	

序号	材　料	结　构
10	2x	
11	2x	
12		
13	1x ③	
14	1x　　　1x	

序号	材　料	结　构
15	2x　1x　1x　1x	
16	1x　④　1x	④
17	2x　1x	
18	1x　⑧	⑧
19	1x	

序号	材　　料	结　　构
20	 1x　　1x　　1x	
21		
22	 1x	
23	 4x	
24	 1x　　1x　　1x	

序号	材　料	结　构
25	1x	
26	1x	
27	1x	
28	1x	
29	2x　　2x　　4x	2x

序号	材　料	结　构
30	1x	
31		
32	4x	
33	1x　2x	
34	2x	

序号	材　料	结　构
35	1x　1x	
36		
37	1x　1x　1x	
38	1x　1x	

序号	材　料	结　构
39	1x	
40	1x　1x　1x	
41	1x　1x	
42	1x	
43	35 cm / 14 in. 1x	B

续表

序号	材 料	结 构
44	35 cm / 14 in. 1x	
45		

参 考 文 献

［1］LabVIEW for LEGO MINDSTORMS NXT 论坛,http：//forums.ni.com/t5/LabVIEW-Education-Edition/bd-p/460.

［2］乐高教育(www.legoeducation.com),http：//engineering.vernier.com.

［3］美国塔夫斯大学工科教育拓展中心,http：//www.ceeo.tufts.edu/.

［4］美国国家仪器公司,http：//www.ni.com/mydaq/zhs.

［5］郑剑春,赵亮.乐高——实战 EV3［M］.北京：清华大学出版社,2014.